# 火电厂烟气脱硝工程强制性条文执行表

## 施工部分

中国华电工程（集团）有限公司　编

中国电力出版社
CHINA ELECTRIC POWER PRESS

## 内 容 提 要

为更好地贯彻落实《建设工程质量管理条例》和《工程建设标准强制性条文 电力工程部分》等法律法规，中国华电工程（集团）有限公司根据脱硝工程中施工质量验收的需要，编制了《火电厂烟气脱硝工程强制性条文执行表 施工部分》。

本套表格摘录了现行工程建设国家标准、电力行业标准中与脱硝工程相关的涉及安全、人身健康与卫生、环境保护和其他公众利益且必须严格执行的条款，是保证脱硝工程施工和监理等工作正常开展的重要依据。

本套表格共分为土建工程、机务工程和电气工程三大部分，其中每部分均由强制性条文执行计划表、强制性条文执行记录表、强制性条文执行检查表、强制性条文执行汇总表四种表组成。

本套表格主要适用于火电厂烟气脱硝工程强制性条文验收，适合全国从事火电厂烟气脱硝工程施工、监理工作的技术人员及管理人员参考使用。

**图书在版编目（CIP）数据**

火电厂烟气脱硝工程强制性条文执行表. 施工部分 / 中国华电工程（集团）有限公司编. —北京：中国电力出版社，2014.4

ISBN 978-7-5123-5557-6

Ⅰ. ①火… Ⅱ. ①中… Ⅲ. ①火电厂－烟气－脱硝 Ⅳ. ①X773.017

中国版本图书馆 CIP 数据核字（2014）第 038666 号

中国电力出版社出版、发行

（北京市东城区北京站西街 19 号 100005 http://www.cepp.sgcc.com.cn）

汇鑫印务有限公司印刷

各地新华书店经售

*

2014 年 4 月第一版 2014 年 4 月北京第一次印刷

880 毫米×1230 毫米 16 开本 11 印张 343 千字

印数 0001-3000 册 定价 **38.00** 元

# 前　言

《火电厂烟气脱硝工程强制性条文执行表　施工部分》是根据《火电厂烟气脱硝工程施工验收技术规程》（DL/T 5257—2010）、《工程建设标准强制性条文　电力工程部分》（2011 年版）、《工程建设标准强制性条文　房屋建筑部分》（2013 年版）和《电力建设施工技术规范》（DL 5190—2012）等标准规范编制而成的。本套表格主要适用于火电厂烟气脱硝工程强制性条文验收，并与《火电厂烟气脱硝工程施工验收技术规程》（DL/T 5257—2010）配合使用，热控专业强制性条文表格参照《电力建设施工质量验收及评价规程　第 4 部分：热工仪表及控制装置》（DL/T 5210.4—2009）中“分部工程强制性条文执行情况检查表”。

本套表格与《火电厂烟气脱硝工程施工验收技术规程》（DL/T 5257—2010）中分项、分部和单位工程的质量验收标准协调一致，结构严谨、层次清晰、可操作性强，形成了相互监督、相互制约的强制性条文实施管理体系。

编写单位：中国华电工程（集团）有限公司。

著作人：吴春年、李杰、吕同波、李苇林、李建浏、赵曦、刘亚克、陈玉伟、王振华、李伟、郭庆伟、王云、严增军、李强、何文兵、杨柳松。

本套强制性条文表格涉及相关内容较多，如有疏漏，敬请同行提出宝贵意见，以便及时改正。

编　者

2014 年 1 月

# 填表说明

（1）脱硝项目土建、机务、电气工程的强制性条文表格分别是由四种表格组合而成，即强制性条文执行计划（A）表、强制性条文执行记录（B）表、强制性条文执行检查（C）表、强制性条文执行汇总（D）表。表格右上方的“编号”内容按照建设单位《工程档案管理规定》的要求进行编写。

（2）脱硝项目各专业工程的强制性条文执行计划表可以根据工程实际情况进行筛减。

（3）脱硝项目土建工程强制性条文执行记录表共有 19 种表格，脱硝项目机务工程强制性条文执行记录表共有 12 种表格，脱硝项目电气工程强制性条文执行记录表共有 19 种表格。强制性条文记录表由施工单位质检员根据计划表中需检查的分项工程项目及时填写，专业监理工程师负责检查签证。

（4）脱硝项目土建工程强制性条文执行检查表共有 7 种表格，脱硝项目机务工程强制性条文执行检查表共有 4 种表格，脱硝项目电气工程强制性条文执行检查表共有 13 种表格。在分部工程验收时，由总监理工程师（副总监理工程师）对该分部工程强制性条文执行情况组织检查，施工单位项目总工对检查结果进行签认。

（5）脱硝项目各专业工程的强制性条文执行汇总表由建设单位组织，按照单位（子单位）工程分别填写，其中执行情况按照分部工程中各分项工程应执行的强制性条文个数进行汇总；应验收项目按照质量验评范围表中单位（子单位）工程中监理验收的项目汇总。

（6）机务工程和电气工程强制性条文执行表格要求填写单位工程质量控制资料核查记录，单位工程质量控制资料核查记录分为施工单位、监理单位和建设单位两个阶段检查和确认资料情况。

强制性条文执行记录表、检查表、汇总表和资料核查记录中的“单位工程名称”“分部工程名称”“分项工程名称”要与强制性条文执行计划表中的检查项目相符合。强制性条文执行记录表、检查表、汇总表和资料核查记录中的“施工单位”和“项目经理”应填写本工程中施工单位的公司名称和项目经理姓名。

鉴于工程（发）承包形式的多样性，施工单位可以根据实际情况，对强制性条文表格中的审批栏进行适当调整。在建设单位（或监理单位）无特殊要求的情况下，本套表格除审批栏（要求各单位检查人员手签字）外，其他部分均可以机打填写。

# 目 录



## 第一部分 土 建 工 程

## 第二部分 机务工程



## 第三部分 电气工程

# 第一部分

# 土建工程

# 土建工程

## 强制性条文执行计划表

# 土建工程强制性条文执行计划表

表 TX-1-A

| 工程编号 | | | | | 工程名称 | 责任单位 | | | 强制性条文执行表号 |
|---|---|---|---|---|---|---|---|---|---|
| 单位工程 | 子单位工程 | 分部工程 | 子分部工程 | 分项工程 | | 施工单位 | 监理单位 | 建设单位 | |
| 1 | | | | | 氨区控制室及地下设施 | ○ | ○ | ● | 表 TX-1-D |
| | 1 | | | | 氨区控制室 | ○ | ○ | ● | 表 TX-1-D |
| | | 1 | 0 | | 土石方工程 | ○ | ● | ○ | 表 TX-1-C-1 |
| | | | | 1 | 定位及高程控制 | | | | 表 TX-1-B-2～表 TX-1-B-4 |
| | | | | 2 | 挖方 | ● | ○ | ○ | |
| | | | | 3 | 填方 | | | | |
| | | 2 | 0 | | 基础工程 | ○ | ● | ○ | 表 TX-1-C-1 |
| | | | | 1 | 垫层 | ● | ○ | ○ | 表 TX-1-B-9 |
| | | | | 2 | 模板 | ● | ○ | ○ | 表 TX-1-B-7、表 TX-1-B-8 |
| | | | | 3 | 钢筋 | ● | ○ | ○ | 表 TX-1-B-6 |
| | | | | 4 | 混凝土 | ● | ○ | ○ | 表 TX-1-B-9 |
| | | | | 5 | 砖基础 | ● | ○ | ○ | 表 TX-1-B-5 |
| | | 3 | 0 | | 主体工程 | ○ | ● | ○ | 表 TX-1-C-2 |
| | | | | 1 | 模板 | ● | ○ | ○ | 表 TX-1-B-7、表 TX-1-B-8 |
| | | | | 2 | 钢筋 | ● | ○ | ○ | 表 TX-1-B-6 |
| | | | | 3 | 混凝土 | ● | ○ | ○ | 表 TX-1-B-9 |
| | | | | 4 | 墙体砌筑 | ● | ○ | ○ | 表 TX-1-B-5 |
| | | 4 | 0 | | 建筑装饰装修 | ○ | ● | ○ | 表 TX-1-C-4 |
| | | | | 1 | 门窗 | ● | ○ | ○ | 表 TX-1-B-15 |
| | | | | 2 | 涂饰 | ● | ○ | ○ | 表 TX-1-B-14 |
| | | 5 | 0 | | 建筑屋面 | ○ | ● | ○ | 表 TX-1-C-3 |
| | | | | 1 | 屋面找平层 | ● | ○ | ○ | 表 TX-1-B-16 |
| | | | | 2 | 屋面保温层 | ● | ○ | ○ | 表 TX-1-B-16 |
| | | | | 3 | 屋面卷材防水层 | ● | ○ | ○ | 表 TX-1-B-16 |
| | | | | 4 | 屋面工程细部构造 | ● | ○ | ○ | 表 TX-1-B-16 |
| | | 6 | 0 | | 建筑给水、排水 | ○ | ● | ○ | 表 TX-1-C-5 |
| | | | | 1 | 室内给水管及配件安装 | ● | ○ | ○ | 表 TX-1-B-17 |
| | | | | 2 | 雨水管道及配件安装 | ● | ○ | ○ | 表 TX-1-B-17 |
| | | 7 | 0 | | 电气照明安装 | ○ | ● | ○ | 表 TX-1-C-7 |
| | | | | 1 | 成套配电柜、控制柜（屏、台）和动力、照明配电箱（盘）安装 | ● | ○ | ○ | 表 TX-1-B-18 |
| | | | | 2 | 电线导管、电缆穿管和线槽敷设 | ● | ○ | ○ | 表 TX-1-B-18 |
| | | | | 3 | 电线、电缆导管和线槽敷线 | ● | ○ | ○ | 表 TX-1-B-18 |
| | | | | 4 | 电缆头制作、接线和线路绝缘测试 | ● | ○ | ○ | 表 TX-1-B-18 |
| | | | | 5 | 灯具安装 | ● | ○ | ○ | 表 TX-1-B-18 |
| | | | | 6 | 开关、插座安装 | ● | ○ | ○ | 表 TX-1-B-18 |
| | | | | 7 | 建筑物照明通电试运行 | ● | ○ | ○ | 表 TX-1-B-18 |
| | | 8 | 0 | | 通风与空调 | ○ | ● | ○ | 表 TX-1-C-6 |
| | | | | 1 | 通风机安装 | ● | ○ | ○ | 表 TX-1-B-19 |
| | 2 | | | | 氨区地下设施 | ○ | ○ | ● | 表 TX-1-D |
| | | 1 | 0 | | 液氨储存罐区 | ○ | ● | ○ | 表 TX-1-C-1 |
| | | | | 1 | 垫层 | ● | ○ | ○ | 表 TX-1-B-9 |

**表 TX-1-A（续）**

| 工程编号 | | | | | 工程名称 | 责任单位 | | | 强制性条文执行表号 |
|---|---|---|---|---|---|---|---|---|---|
| 单位工程 | 子单位工程 | 分部工程 | 子分部工程 | 分项工程 | | 施工单位 | 监理单位 | 建设单位 | |
| 1 | 2 | 1 | 0 | 2 | 模板 | ● | ○ | ○ | 表 TX-1-B-7、表 TX-1-B-8 |
| | | | | 3 | 钢筋 | ● | ○ | ○ | 表 TX-1-B-6 |
| | | | | 4 | 混凝土 | ● | ○ | ○ | 表 TX-1-B-9 |
| | | | | 5 | 二次灌浆 | ● | ○ | ○ | 表 TX-1-B-9 |
| | | | | 6 | 玻璃钢盖板安装 | | | | |
| | | | | 7 | 防腐层 | | | | |
| | | | | 8 | 钢结构焊接 | ● | ○ | ○ | 表 TX-1-B-10 |
| | | | | 9 | 普通紧固件连接 | ● | ○ | ○ | 表 TX-1-B-11 |
| | | | | 10 | 钢结构零、部件加工 | ● | ○ | ○ | 表 TX-1-B-10 |
| | | | | 11 | 钢构件安装 | ● | ○ | ○ | 表 TX-1-B-12 |
| | | | | 12 | 压型金属板安装 | | | | |
| | | | | 13 | 钢结构涂装 | ● | ○ | ○ | 表 TX-1-B-13 |
| | | 2 | 0 | | 设备基础及综合管架 | ○ | ● | ○ | 表 TX-1-C-1 |
| | | | | 1 | 垫层 | ● | ○ | ○ | 表 TX-1-B-9 |
| | | | | 2 | 模板 | ● | ○ | ○ | 表 TX-1-B-7、表 TX-1-B-8 |
| | | | | 3 | 钢筋 | ● | ○ | ○ | 表 TX-1-B-6 |
| | | | | 4 | 设备基础混凝土 | ● | ○ | ○ | 表 TX-1-B-9 |
| | | | | 5 | 二次灌浆 | ● | ○ | ○ | 表 TX-1-B-9 |
| | | 3 | 0 | | 废水池 | ○ | ● | ○ | 表 TX-1-C-1 |
| | | | | 1 | 垫层 | ● | ○ | ○ | 表 TX-1-B-9 |
| | | | | 2 | 模板 | ● | ○ | ○ | 表 TX-1-B-7、表 TX-1-B-8 |
| | | | | 3 | 钢筋 | ● | ○ | ○ | 表 TX-1-B-6 |
| | | | | 4 | 混凝土 | ● | ○ | ○ | 表 TX-1-B-9 |
| | | | | 5 | 一般抹灰 | ● | ○ | ○ | 表 TX-1-B-14 |
| | | | | 6 | 防腐层 | | | | |
| | | 4 | 0 | | 沟道 | ○ | ● | ○ | 表 TX-1-C-1 |
| | | | | 1 | 垫层 | ● | ○ | ○ | 表 TX-1-B-9 |
| | | | | 2 | 沟道模板 | ● | ○ | ○ | 表 TX-1-B-7、表 TX-1-B-8 |
| | | | | 3 | 沟道钢筋 | ● | ○ | ○ | 表 TX-1-B-6 |
| | | | | 4 | 沟道混凝土 | ● | ○ | ○ | 表 TX-1-B-9 |
| | | | | 5 | 盖板模板 | ● | ○ | ○ | 表 TX-1-B-7、表 TX-1-B-8 |
| | | | | 6 | 盖板钢筋 | ● | ○ | ○ | 表 TX-1-B-6 |
| | | | | 7 | 盖板混凝土 | ● | ○ | ○ | 表 TX-1-B-9 |
| | | | | 8 | 盖板安装 | | | | |
| | | 5 | 0 | | 消防通道 | ○ | ● | ○ | 表 TX-1-C-1 |
| | | | | 1 | 道路路基 | | | | |
| | | | | 2 | 道路基层 | | | | |
| | | | | 3 | 道路面层 | ● | ○ | ○ | 表 TX-1-B-9 |
| | | | | 4 | 道路路缘石 | | | | |

注：1. ●为该项强制性条文执行的责任主体单位。
2. ○为该项强制性条文相关责任单位。

# 土 建 工 程
## 强制性条文执行记录表

# 建筑施工验收管理强制性条文执行记录表

表 TX-1-B-1　　　　编号：

<table>
<tr><td>单位工程名称</td><td colspan="3"></td></tr>
<tr><td>分部工程名称</td><td></td><td>分项工程名称</td><td></td></tr>
<tr><td>施工单位</td><td></td><td>项目经理</td><td></td></tr>
<tr><td>强制性条文内容</td><td>执行要素</td><td>执行情况</td><td>相关资料</td></tr>
<tr><td colspan="4">《建筑工程施工质量验收统一标准》（GB 50300—2001）</td></tr>
<tr><td rowspan="8">3.0.3　建筑工程施工质量应按下列要求进行验收：<br>1　建筑工程施工质量应符合本标准和相关专业验收规范的规定。<br>2　建筑工程施工应符合工程勘察、设计文件的要求。<br>3　参加工程施工质量验收的各方人员应具备规定的资格。<br>4　工程质量的验收均应在施工单位自行检查评定的基础上进行。<br>5　隐蔽工程在隐蔽前应由施工单位通知有关单位进行验收，并应形成验收文件。<br>6　涉及结构安全的试块、试件以及有关材料，应按规定进行见证取样检测。<br>7　检验批的质量应按主控项目和一般项目验收。<br>8　对涉及结构安全和使用功能的重要分部工程应进行抽样检测。<br>9　承担见证取样检测及有关结构安全检测的单位应具有相应资质。<br>10 工程的观感质量应由验收人员通过现场检查，并应共同确认。</td><td>施工执行标准</td><td></td><td>施工执行标准：</td></tr>
<tr><td>工程质量验收情况</td><td></td><td>验评表编号：</td></tr>
<tr><td>验收人员资格</td><td></td><td>证件编号：</td></tr>
<tr><td>质量验收程序</td><td></td><td></td></tr>
<tr><td>试件（块）见证取样情况</td><td></td><td>见证取样记录：</td></tr>
<tr><td>结构安全及使用功能检测</td><td></td><td>检测报告编号：</td></tr>
<tr><td>检测单位资质</td><td></td><td>资质证件：</td></tr>
<tr><td>观感质量检查</td><td></td><td>验收记录：</td></tr>
<tr><td>5.0.7　通过返修或加固处理仍不能满足安全使用要求的分部工程、单位（子单位）工程，严禁验收。</td><td>质量检测</td><td></td><td>检测报告编号：</td></tr>
<tr><td colspan="2">施工单位项目质检员：<br><br>年　　月　　日</td><td colspan="2">专业监理工程师：<br><br>年　　月　　日</td></tr>
</table>

# 土石方及基坑工程施工强制性条文执行记录表

表 TX-1-B-2 编号：

<table>
<tr><td>单位工程名称</td><td colspan="4"></td></tr>
<tr><td>分部工程名称</td><td colspan="2"></td><td>分项工程名称</td><td></td></tr>
<tr><td>施工单位</td><td colspan="2"></td><td>项目经理</td><td></td></tr>
<tr><td colspan="2">强制性条文内容</td><td>执行要素</td><td>执行情况</td><td>相关资料</td></tr>
<tr><td colspan="5">《建筑地基基础工程施工质量验收规范》(GB 50202—2002)</td></tr>
<tr><td colspan="2" rowspan="2">7.1.3 土方开挖的顺序、方法必须与设计工况相一致，并遵循“开槽支撑，先撑后挖，分层开挖，严禁超挖”的原则。</td><td>施工技术措施</td><td></td><td rowspan="2">施工技术措施编号：</td></tr>
<tr><td>顺序、方法</td><td></td></tr>
<tr><td colspan="2" rowspan="2">7.1.7 基坑(槽)、管沟土方工程验收必须确保支护结构安全和周围环境安全为前提。当设计有指标时，以设计要求为依据，如无设计指标时应按表 7.1.7(见附表)的规定执行。</td><td>基坑变形</td><td></td><td rowspan="2">检查记录编号：</td></tr>
<tr><td>周边环境安全</td><td></td></tr>
<tr><td colspan="5">《建筑基坑支护技术规程》(JGJ 120—2012)</td></tr>
<tr><td colspan="2" rowspan="2">3.1.2 基础支护应满足下列功能要求：<br>1 保证基坑周围建(构)筑物、地下管线、道路的安全和正常使用。<br>2 保证主体地下结构的施工空间。</td><td>保证基坑周围管道安全正常使用</td><td></td><td rowspan="2">检查记录编号：</td></tr>
<tr><td>保证主体结构的施工空间</td><td></td></tr>
<tr><td colspan="2">8.1.3 当基坑开挖面上方的锚杆、土钉、支撑未达到设计要求时，严禁向下超挖土方。</td><td>无超挖土方</td><td></td><td>检查记录编号：</td></tr>
<tr><td colspan="2">8.1.4 采用锚杆或支撑的支护结构，在未达到设计规定的拆除条件时，严禁拆除锚杆或支撑。</td><td>达到设计规定的拆除条件</td><td></td><td>检查记录编号：</td></tr>
<tr><td colspan="2">8.1.5 基坑周围施工材料、设施或车辆载荷严禁超过设计要求的地面荷载限值。</td><td>严禁超载</td><td></td><td>检查记录编号：</td></tr>
</table>

表 TX-1-B-2（续）

| 强制性条文内容 | 执行要素 | 执行情况 | 相关资料 |
| --- | --- | --- | --- |
| 《建筑边坡工程技术规范》（GB 50330—2002） | | | |
| 15.1.2 对土石方开挖后不稳定或欠稳定的边坡，应根据边坡的地质特征和可能发生的破坏等情况，采取自上而下、分段跳槽、及时支护的逆作法或部分逆作法施工。严禁无序大开挖、大爆破作业。 | 边坡稳定情况 | | 施工记录编号： |
| | 施工方法 | | |
| 15.1.6 一级边坡工程施工应采用信息施工法。 | 施工方法 | | 施工记录编号： |
| 15.4.1 岩石边坡开挖采用爆破法施工时，应采取有效措施避免爆破对边坡和坡顶建（构）筑物的震害。 | 采取措施 | | 施工措施编号： |
| 施工单位项目质检员：<br><br>年 月 日 | 专业监理工程师：<br><br>年 月 日 | | |

表 TX-1-B-2 附表　　GB 50202—2002 表 7.1.7 基坑变形的监控值　　（cm）

| 基坑类别 | 围护结构墙顶位移监控值 | 围护结构墙体最大位移监控值 | 地面最大沉降监控值 |
| --- | --- | --- | --- |
| 一级基坑 | 3 | 5 | 3 |
| 二级基坑 | 6 | 8 | 6 |
| 三级基坑 | 8 | 10 | 10 |

注：1．符合下列情况之一，为一级基坑：

（1）重要工程或支护结构做主体结构的一部分；

（2）开挖深度大于 10m；

（3）与临近建筑物、重要设施的距离在开挖深度以内的基坑；

（4）基坑范围内有历史文物、近代优秀建筑、重要管线等需严加保护的基坑。

2．三级基坑为开挖深度小于 7m，且周围环境无特别要求的基坑。

3．除一级和三级外的基坑属二级基坑。

4．当周围已有的设施有特殊要求时，尚应符合这些要求。

# 湿陷性黄土地区土石方及基坑工程施工强制性条文执行记录表

表 TX-1-B-3　　　　编号：

<table>
<tr><td colspan="2">单位工程名称</td><td colspan="3"></td></tr>
<tr><td colspan="2">分部工程名称</td><td></td><td>分项工程名称</td><td></td></tr>
<tr><td colspan="2">施工单位</td><td></td><td>项目经理</td><td></td></tr>
<tr><td>强制性条文内容</td><td>执行要素</td><td>执行情况</td><td colspan="2">相关资料</td></tr>
<tr><td colspan="5">《湿陷性黄土地区建筑规范》（GB 50025—2004）</td></tr>
<tr><td>8.1.1　在湿陷性黄土场地，对建筑物及其附属工程进行施工，应根据湿陷性黄土的特点和设计要求采取措施防止施工用水和场地雨水流入建筑物地基（或基坑内）引起湿陷。</td><td>防（排）水措施</td><td></td><td colspan="2">施工措施编号：<br>检查记录编号：</td></tr>
<tr><td>8.1.5　在建筑物邻近修建地下工程时，应采取有效措施，保证原有建筑物和管道系统的安全使用，并应保持场地排水畅通。</td><td>施工措施</td><td></td><td colspan="2">施工措施编号：<br>检查记录编号：</td></tr>
<tr><td>8.2.1　建筑场地的防洪工程应提前施工，并应在汛期前完成。</td><td>完成情况</td><td></td><td colspan="2">检查记录编号：</td></tr>
<tr><td>8.3.1　浅基坑或基槽的开挖与回填，应符合下列规定：<br>1　当基坑或基槽挖至设计深度或标高时，应进行验槽；<br>2　在大型基坑内的基础位置外，宜设不透水的排水沟和集水坑，如有积水应及时排除；<br>3　当大型基坑内的土挖至接近设计标高，而下一工序不能连续进行时，宜在设计标高以上保留 300～500mm 厚的土层，待继续施工时挖除；<br>4　从基坑或基槽内挖出的土，堆放距离基坑或基槽壁的边缘不宜小于 1m；<br>5　设置土（或灰土）垫层或施工基础前，应在基坑或基槽底面打底夯，同一夯点不宜少于 3 遍，当表层土的含水量过大或局部地段有松软土层时，应采取晾干或换土等措施；<br>6　基础施工完毕，其周围的灰、砂、砖等，应及时清除，并应用素土在基础周围分层回填夯实，至散水垫层底面或至室内地坪垫层底面止，其压实系数不宜小于 0.93。</td><td>验槽情况</td><td></td><td colspan="2">地基验槽记录编号：</td></tr>
</table>

表 TX-1-B-3（续）

| 强制性条文内容 | 执行要素 | 执行情况 | 相关资料 |
| --- | --- | --- | --- |
| 《湿陷性黄土地区建筑规范》（GB 50025—2004） | | | |
| 8.3.2 深基坑的开挖与支护，必须进行勘查与设计。 | 勘查情况 | | 勘测报告编号： |
| | 设计情况 | | 施工措施编号： |
| 8.4.5 当发现地基浸水湿陷和建筑物产生裂缝时，应暂时停止施工，切断有关水源，查明浸水的原因和范围，对建筑物的沉降和裂缝加强观测，并绘图记录，经处理后方可继续施工。 | 浸水原因、范围 | | 沉降观测记录编号：<br>裂缝观测记录编号： |
| | 建筑物观测 | | |
| | 处理措施 | | 技术措施编号： |
| 8.5.5 管道和水池等施工完毕，必须进行水压试验。不合格的应返修或加固，重做试验，直至合格为止。<br>清洗管道用水、水池用水和试验用水，应将其引入排水系统，不得任意排放。 | 试验情况 | | 水压试验记录编号：<br>灌水试验记录编号： |
| | 试验结果 | | |
| | 排放措施 | | 措施编号： |
| 施工单位项目质检员：<br>年 月 日 | 专业监理工程师：<br>年 月 日 | | |

# 膨胀土土石方及基坑工程施工强制性条文执行记录表

表 TX-1-B-4　　　　编号：

<table>
<tr><td>单位工程名称</td><td colspan="4"></td></tr>
<tr><td>分部工程名称</td><td></td><td>分项工程名称</td><td colspan="2"></td></tr>
<tr><td>施工单位</td><td></td><td>项目经理</td><td colspan="2"></td></tr>
<tr><td colspan="2">强制性条文内容</td><td>执行要素</td><td>执行情况</td><td>相关资料</td></tr>
<tr><td colspan="5">《膨胀土地区建筑技术规范》(GB 50112—2013)</td></tr>
<tr><td colspan="2">3.0.3　地基基础设计应符合下列规定：<br>1　建筑物的地基计算应满足承载力计算的有关规定；<br>2　地基基础设计等级为甲级、乙级的建筑物，均应按地基变形设计；<br>3　建造在坡地或斜坡附件的建筑物以及受水平荷载作用的高层建筑、高耸构筑物和挡土结构、基坑支护等工程，尚应进行稳定性验算，验算时应计及水平膨胀力的作用。</td><td>设计计算</td><td></td><td>图纸设计</td></tr>
<tr><td colspan="2">5.2.2　膨胀土地基上建筑物的基础埋置深度不应小于 1m。</td><td>埋置深度</td><td></td><td>验槽规范</td></tr>
<tr><td colspan="2">5.2.16　膨胀土地基上建筑物的地基变形计算值，不应大于地基变形允许值。地基变形允许值应符合表 5.2.16（见附表）的规定。表 5.2.16 中未包括的建筑物，其地基变形允许值应根据上部结构对地基变形的适应能力及功能要求确定。</td><td>变形计算</td><td></td><td>测量观测数据</td></tr>
<tr><td colspan="2">施工单位项目质检员：<br><br>年　月　日</td><td colspan="3">专业监理工程师：<br><br>年　月　日</td></tr>
</table>

**表 TX-1-B-4 附表　GB 50112—2013 表 5.2.16 膨胀土地基上建筑物地基变形允许值**

<table>
<tr><td colspan="2" rowspan="2">结构类型</td><td colspan="2">相对变形</td><td rowspan="2">变形量（mm）</td></tr>
<tr><td>种类</td><td>数值</td></tr>
<tr><td colspan="2">砌体结构</td><td>局部倾斜</td><td>0.001</td><td>15</td></tr>
<tr><td colspan="2">房屋长度三到四开间及四角有构造柱或配筋砌体承重结构</td><td>局部倾斜</td><td>0.0015</td><td>30</td></tr>
<tr><td rowspan="3">工业与民用建筑相邻柱基</td><td>框架结构无填充墙时</td><td>变形差</td><td>0.001l</td><td>30</td></tr>
<tr><td>框架结构有填充墙时</td><td>变形差</td><td>0.0005l</td><td>20</td></tr>
<tr><td>当基础不均匀升降时不产生附加应力的结构</td><td>变形差</td><td>0.003l</td><td>40</td></tr>
<tr><td colspan="5">注：l 为相邻柱基的中心距离，m。</td></tr>
</table>

# 砖砌体工程施工强制性条文执行记录表

表 TX-1-B-5　　　　编号：

| 单位工程名称 | | | |
|---|---|---|---|
| 分部工程名称 | | 分项工程名称 | |
| 施工单位 | | 项目经理 | |
| 强制性条文内容 | 执行要素 | 执行情况 | 相关资料 |
| 《砌体工程施工质量验收规范》（GB 50203—2011） | | | |
| 4.0.1 水泥使用应符合下列规定：<br>1 水泥进场时应对其品种、等级、包装或散装仓号、出厂日期等进行检查，并应对其强度、安定性进行复验。其质量必须符合现行国家标准《通用硅酸盐水泥》GB 175 的有关规定。<br>2 当在使用中对水泥质量有怀疑或水泥出厂超过三个月（快硬硅酸盐水泥超过一个月）时，应复查试验，并按复验结果使用。 | 水泥品种、数量 | | 合格证编号： |
| | 水泥复验 | | 复验报告编号： |
| 5.2.1 砖和砂浆的强度等级必须符合设计要求。 | 设计要求 | | 图纸卷册号： |
| | 强度试验 | 强度值： | 试验报告编号： |
| 5.2.3 砖砌体的转角处和交接处应同时砌筑，严禁无可靠措施的内外墙分砌施工。在抗震设防烈度为 8 度及 8 度以上地区，对不能同时砌筑而又必须留置的临时间断处应砌成斜槎，普通砖砌体斜槎水平投影长度不应小于高度的 2/3，多孔砖砌体的斜槎长高比不应小于 1/2。斜槎高度不得超过一步脚手架的高度。 | 砌筑要求 | | 施工措施编号：<br>检查记录编号： |
| 10.0.4 冬期施工所用材料应符合下列规定：<br>1 石灰膏、电石膏等应防止受冻，如遭冻结，应经融化后使用；<br>2 拌制砂浆用砂，不得含有冰块和大于 10mm 的冻结块；<br>3 砌体用块体不得遭水浸冻。 | 所用材料 | | 检查记录编号： |
| | 受冻情况 | | |
| 施工单位项目质检员：<br><br>年　月　日 | | 专业监理工程师：<br><br>年　月　日 | |

# 组合钢模板工程施工强制性条文执行记录表

表 TX-1-B-6　　编号：

| 单位工程名称 | | | |
|---|---|---|---|
| 分部工程名称 | | 分项工程名称 | |
| 施工单位 | | 项目经理 | |
| 强制性条文内容 | 执行要素 | 执行情况 | 相关资料 |
| 《组合钢模板技术规范》（GB 50214—2001） | | | |
| 2.2.2　钢模板采用模数制设计，通用模板的宽度模数以 50mm 进级，长度模数以 150mm 进级（长度超过 900mm 时，以 300mm 进级）。 | 宽度模数 | | 施工措施编号： |
| | 长度模数 | | |
| 3.3.4　钢模板在工厂成批投产前和投产生产后都应进行荷载试验，检验模板的强度、刚度和焊接质量等综合性能，当模板的材质或生产工艺等有较大变动时，都应抽样进行荷载试验。荷载试验标准应符合表 3.3.4（见附表 1）的要求，荷载试验方法应符合 GB 50214—2001 附录 E 的要求，抽样方法应按 GB 50214—2001 附录 J 执行。 | 焊接质量 | | 试验报告： |
| | 荷载试验 | | 试验报告： |
| 3.3.5　钢模板成品的质量检验，包括单件检验和组装检验，其质量标准应符合表 3.3.5-1（见附表 2）和表 3.3.5-2（见附表 3）的规定。 | 单件检验 | | 检查记录编号： |
| | 组装检验 | | 检查记录编号： |
| 3.3.8　配件合格品应符合表 3.3.8（见附表 4）所示的要求，产品抽样方法应按 GB 50214—2001 附录 J 执行。 | 配件检验 | | 检查记录编号： |
| 4.2.2　组成钢模板结构的钢模板、钢楞和支柱应采用组合荷载验算其刚度，其容许挠度应符合表 4.2.2（见附表 5）的规定。 | 挠度偏差 | | 检查记录编号： |
| 4.4.1　模板的支撑系统应根据模板的荷载和部件的刚度进行布置。内钢楞的配置方向应与钢模板的长度方向相垂直，直接承受钢模板传递的荷载，其间距应按荷载数值和钢模板的力学性能计算确定。外钢楞承受内钢楞传递的荷载，用以加强钢模板结构的整体刚度和调整平直度。 | 支撑系统布置 | | 施工措施编号：<br>检查记录编号： |
| | 内钢楞配置 | | |
| | 外钢楞配置 | | |

**表 TX-1-B-6（续）**

| 强制性条文内容 | 执行要素 | 执行情况 | 相关资料 |
|---|---|---|---|
| 《组合钢模板技术规范》（GB 50214—2001） | | | |
| 4.4.6 支撑系统应经过设计计算，保证具有足够的强度和稳定性。当支柱或其节间的长细比大于 110 时，应按临界荷载进行核算，安全系数可取 3～3.5。 | 支撑系统设计 | | 施工措施编号：<br>检查记录编号： |
| | 长细比 | | |
| | 安全系数 | | |
| 5.2.6 拆除模板的时间必须按照现行国家标准《混凝土结构工程施工及验收规范》GB 50204 的有关规定办理。 | 模板拆除时间 | | 强度报告编号： |
| | 模板拆除时混凝土强度 | | |
| 《混凝土结构工程施工质量验收规范》（GB 50204—2002）（2010 年版） | | | |
| 4.1.1 模板及其支架应根据工程结构形式、荷载大小、地基土类别、施工设备和材料供应等条件进行设计。模板及其支架应具有足够的承载能力、刚度和稳定性，能可靠地承受浇筑混凝土的重量、侧压力以及施工荷载。 | 模板及其支架设计 | | 施工措施编号：<br>检查记录编号： |
| | 承载能力、刚度和稳定性计算 | | |
| 4.1.3 模板及其支架拆除的顺序及安全措施应按施工技术方案执行。 | 施工技术方案 | | 施工措施编号：<br>检查记录编号： |
| 施工单位项目质检员：<br>年 月 日 | 专业监理工程师：<br>年 月 日 | | |

**表 TX-1-B-6 附表 1　　GB 50214—2001 表 3.3.4 钢模板荷载试验标准**

| 试验项目 | 模板长度（mm） | 支点间距 $L$（mm） | 均布荷载 $q$（kN/m$^2$） | 集中荷载 $P$（kN/m$^2$） | 允许挠度值（mm） | 强度试验要求 |
|---|---|---|---|---|---|---|
| 刚度试验 | 1800<br>1500<br>1200 | 900 | 3 | 10 | ≤1.5 | — |
| | 900<br>750<br>600 | 450 | — | 10 | ≤0.2 | — |
| 强度试验 | 1800<br>1500<br>1200 | 900 | 45 | 15 | — | 不破坏，<br>残余挠度≤0.2mm |
| | 900<br>750<br>600 | 450 | — | 3 | — | 不破坏 |
| 注：试验用的模板宽度应为 200、300、400、600mm 的模板。 | | | | | | |

表 TX-1-B-6 附表 2　GB 50214—2001 表 3.3.5-1 钢模板制作质量标准

| 项目 | | 要求尺寸（mm） | 允许偏差（mm） |
| --- | --- | --- | --- |
| 外形尺寸 | 长度 | $l$ | 0<br>−1.00 |
| | 宽度 | $b$ | 0<br>−0.80 |
| | 肋高 | 55 | ±0.50 |
| U 形卡孔 | 沿板长度的孔中心距 | $n$×150 | ±0.60 |
| | 沿板宽度的孔中心距 | — | ±0.60 |
| | 孔中心与板面间距 | 22 | ±0.30 |
| | 沿板长度孔中心与板端间距 | 75 | ±0.30 |
| | 沿板宽度孔中心与边肋凸棱面的间距 | — | |
| | 孔直径 | $\phi$13.8 | ±0.25 |
| 凸棱尺寸 | 高度 | 0.3 | +0.30<br>−0.05 |
| | 宽度 | 4.0 | +2.00<br>−1.00 |
| | 边肋圆角 | 90° | $\phi$0.5 钢针通不过 |
| 面板端与两凸棱面的垂直度 | | 90° | $d$≤0.50 |
| 板面平面度 | | — | $f_1$≤1.00 |
| 凸棱直线度 | | — | $f_2$≤0.05 |
| 横肋 | 横肋、中纵肋与边肋高度差 | — | |
| | 两端横肋组装位移 | 0.3 | $\Delta$≤0.60 |
| 焊缝 | 肋间焊缝长度 | 30.0 | ±5.00 |
| | 肋间焊脚高 | 2.5（2.0） | +1.00 |
| | 肋与面板焊缝长度 | 10.0（15.0） | +5.00 |
| | 肋与面板焊脚高度 | 2.5（2.0） | +1.00 |
| 凸棱的高度 | | 1.0 | +0.30<br>−0.20 |
| 防锈漆外观 | | 油漆涂刷均匀不得漏涂、皱皮、脱皮、流淌 | |
| 角模的垂直度 | | 90° | $\Delta$≤1.00 |
| 注：采用二氧化碳气体保护焊的焊脚高度与焊缝长度为括号内数据。 | | | |

表 TX-1-B-6 附表 3　GB 50214—2001 表 3.3.5-2 钢模板产品组装质量标准　（mm）

| 项目 | 允许偏差 |
| --- | --- |
| 两块模板之间的拼接缝隙 | ≤1.0 |
| 相邻模板面的高低差 | ≤2.0 |
| 组装模板板面平面度 | ≤2.0 |
| 组装模板板面的长宽尺寸 | ±2.0 |
| 组装模板两对角线长度差值 | ≤3.0 |
| 注：组装模板面积为 2100mm×2000mm。 | |

**表 TX-1-B-6 附表 4　GB 50214—2001 表 3.3.8 配件制作主项质量标准**　（mm）

| 项目 | | 要求尺寸 | 允许偏差 |
|---|---|---|---|
| U形卡 | 卡口宽度 | 6.0 | ±0.5 |
| | 脖高 | 44 | ±1.0 |
| | 弹性孔直径 | $\phi$20 | 0 |
| | 试验 50 次后的卡口残余变形 | — | ≤1.2 |
| 扣件 | 高度 | — | ±2.0 |
| | 螺栓孔直径 | — | ±1.0 |
| | 长度 | — | ±1.5 |
| | 宽度 | — | ±1.0 |
| | 卡口长度 | — | +2.0<br>0 |
| 支柱 | 钢管的直线度 | — | ≤$L$/1000 |
| | 支柱最大长度时上端最大振幅 | — | ≤60.0 |
| | 顶板与底板的孔中心与管轴位移 | — | 1.0 |
| | 销孔对管径的对称度 | — | 1.0 |
| | 插管插入套管的最小长度 | ≥280 | — |
| 桁架 | 上平面直线度 | — | ≤2.0 |
| | 焊缝长度 | — | ±5.0 |
| | 销孔直径 | — | +1.0<br>0 |
| | 两排孔之间平行度 | — | ±0. 5 |
| | 长方向相邻两孔中心距 | — | ±0. 5 |
| 梁卡具 | 销孔直径 | — | +1.0<br>0 |
| | 销孔中心距 | — | ±1.0 |
| | 立管垂直度 | — | ≤1.5 |
| 门式支架 | 门架高度 | — | ±1.5 |
| | 门架宽度 | — | ±1.5 |
| | 立杆端面与立杆轴线垂直度 | — | 0.3 |
| | 锁销与立杆轴线位置度 | — | ±1.5 |
| | 锁销间距离 | — | ±1.5 |
| 碗扣式支架 | 立杆长度 | — | ±1.0 |
| | 相邻下碗扣间距 | 600 | ±0.5 |
| | 立杆直线度 | — | ≤1/1000 |
| | 下碗扣与定位销下端间距 | 115 | ±0.5 |
| | 销孔直径 | $\phi$12 | +1.0<br>0 |
| | 销孔中心与管端间距 | 30 | ±0.5 |
| 注：1. U 形卡试件试验后，不得有裂纹、脱皮等疵病。<br>2. 扣件、支柱、桁架和支架等项目都应做荷载试验。 | | | |

**表 TX-1-B-6 附表 5　GB 50214—2001 表 4.2.2 钢模板及配件的容许挠度**　（mm）

| 部件名称 | 容许挠度 |
|---|---|
| 钢模板的面积 | 1.5 |
| 单块钢模板 | 1.5 |
| 钢楞 | $l$/500 |
| 柱箍 | $b$/500 |
| 桁架 | $l$/1000 |
| 支撑系统累计 | 4.0 |
| 注：$l$ 为计算跨度，$b$ 为柱宽。 | |

# 钢筋工程施工强制性条文执行记录表

表 TX-1-B-7

编号：

<table>
<tr><td>单位工程名称</td><td colspan="3"></td></tr>
<tr><td>分部工程名称</td><td></td><td>分项工程名称</td><td></td></tr>
<tr><td>施工单位</td><td></td><td>项目经理</td><td></td></tr>
<tr><td>强制性条文内容</td><td>执行要素</td><td>执行情况</td><td>相关资料</td></tr>
<tr><td colspan="4">《混凝土结构工程施工规范》（GB 50666—2011）</td></tr>
<tr><td>5.1.3 当需要进行钢筋代换时，应办理设计变更文件。</td><td>设计变更情况</td><td></td><td>文件编号：</td></tr>
<tr><td rowspan="6">5.2.2 对有抗震设防要求的结构，其纵向受力钢筋的性能应满足设计要求；当设计无具体要求时，对按一、二、三级抗震等级设计的框架和斜撑构件（含梯段）中的纵向受力钢筋应采用 HRB335E、HRB400E、HRB500E、HRBF335E、HRBF400E 或 HRBF500E 钢筋，其强度和最大力下总伸长率的实测值应符合下列规定：<br>1 钢筋的抗拉强度实测值与屈服强度实测值的比值不应小于 1.25；<br>2 钢筋的屈服强度实测值与屈服强度标准值的比值不应大于 1.30；<br>3 钢筋的最大力下总伸长率不应小于 9%。</td><td>力学性能检验情况</td><td></td><td>试验报告编号：</td></tr>
<tr><td>结构类型及抗震等级</td><td></td><td rowspan="3">试验报告编号：</td></tr>
<tr><td>设计要求</td><td></td></tr>
<tr><td>抗拉强度实测值与屈服强度实测值的比值</td><td>比值为：</td></tr>
<tr><td>屈服强度实测值与强度标准值的比值</td><td>比值为：</td><td>试验报告编号：</td></tr>
<tr><td>施工情况</td><td>品种：<br>规格：<br>数量：</td><td>隐蔽工程验收记录编号：</td></tr>
<tr><td colspan="4">《钢筋焊接及验收规程》（JGJ 18—2012）</td></tr>
<tr><td rowspan="3">3.0.6 施焊的各种钢筋、钢板均应有质量证明书；焊条、焊丝、氧气、溶解乙炔、液化石油气、二氧化碳气体、焊剂应有产品合格证。<br>钢筋进场时，应按国家现行相关标准的规定抽取试件并作力学性能和重量偏差检验，检验结果必须符合国家现行有关标准的规定。<br>检验数量：按进场的批次和产品的抽样检验方案确定。<br>检验方法：检查产品合格证、出厂检验报告和进场复验报告。</td><td>设计要求</td><td></td><td></td></tr>
<tr><td>钢筋、钢板</td><td></td><td>合格证编号：</td></tr>
<tr><td>焊条、焊丝、氧气、乙炔、液化石油气、二氧化碳、焊剂</td><td></td><td>合格证编号：</td></tr>
<tr><td>4.1.3 在钢筋工程焊接开工之前，参与该项工程施焊的焊工必须进行现场条件下的焊接工艺试验，应经试验合格后，方准于焊接生产。</td><td>进行焊接工艺试验</td><td></td><td>试验记录编号：</td></tr>
</table>

表 TX-1-B-7（续）

| 强制性条文内容 | 执行要素 | 执行情况 | 相关资料 |
| --- | --- | --- | --- |
| 《钢筋焊接及验收规程》（JGJ 18—2012） | | | |
| 5.1.7 钢筋闪光对焊接头、电弧焊接头、电渣压力焊接头、气压焊接头、箍筋闪光对焊接头、预埋件钢筋 T 形接头的拉伸试验，应从每一检验批接头中随机切取三个接头进行试验并应按下列规定对试验结果进行评定：<br>1 符合下列条件之一，应评定该检验批接头拉伸试验合格：<br>1） 3 个试件均断于钢筋母材，呈延性断裂，其抗拉强度大于或等于钢筋母材抗拉强度标准值。<br>2） 2 个试件断于钢筋母材，呈延性断裂，其抗拉强度大于或等于钢筋母材抗拉强度标准值；另一试件断于焊缝，呈脆性断裂，其抗拉强度大于或等于钢筋母材抗拉强度标准值的 1.0 倍。<br>注：试件断于热影响区，呈延性断裂，应视作与断于钢筋母材等同；试件断于热影响区，呈脆性断裂，应视作与断于焊缝等同。<br>2 符合下列条件之一，应进行复验：<br>1） 2 个试件断于钢筋母材，呈延性断裂，其抗拉强度大于或等于钢筋母材抗拉强度标准值；另一试件断于焊缝，或热影响区，呈脆性断裂，其抗拉强度小于钢筋母材抗拉强度标准值的 1.0 倍。<br>2） 1 个试件断于钢筋母材，呈延性断裂，其抗拉强度大于或等于钢筋母材抗拉强度标准值；另 2 个试件断于焊缝或热影响区，呈脆性断裂。<br>3 3 个试件均断于焊缝，呈脆性断裂，其抗拉强度均大于或等于钢筋母材抗拉强度标准值的 1.0 倍，应进行复验。当 3 个试件中有 1 个试件抗拉强度小于钢筋母材抗拉强度标准值的 1.0 倍，应评定该检验批接头拉伸试验不合格。<br>4 复验时，应切取 6 个试件进行试验。试验结果，若有 4 个或 4 个以上试件断于钢筋母材，呈延性断裂，其抗拉强度大于或等于钢筋母材抗拉强度标准值，另 2 个或 2 个以下试件断于焊缝，呈脆性断裂，其抗拉强度大于或等于钢筋母材抗拉强度标准值的 1.0 倍，应评定该检验批接头拉伸试验复验合格。<br>5 可焊接余热处理钢筋 RRB400W 焊接接头拉伸试验结果，其抗拉强度应符合同级别热轧带肋钢筋抗拉强度标准值 540MPa 的规定。<br>6 预埋件钢筋 T 形接头拉伸试验结果，3 个试件的抗拉强度均大于或等于表 5.1.7（见附表 1）的规定值时，应评定该检验批接头拉伸试验合格。若有一个接头试件抗拉强度小于表 5.1.7 的规定值时，应进行复验。<br>复验时，应切取 6 个试件进行试验。复验结果，其抗拉强度均大于或等于表 5.1.7 的规定值时，应评定该检验批接头拉伸试验复验合格。 | 焊接种类 | | 报告编号： |

表 TX-1-B-7（续）

<table>
<tr><th>强制性条文内容</th><th>执行要素</th><th>执行情况</th><th>相关资料</th></tr>
<tr><td colspan="4">《钢筋焊接及验收规程》（JGJ 18—2012）</td></tr>
<tr><td>5.1.8 钢筋闪光对焊接头、气压焊接头进行弯曲试验时，应从每一个检验批接头中随机切取 3 个接头，焊缝应处于弯曲中心点，弯心直径和弯曲角度应符合表 5.1.8（见附表 2）的规定。<br>弯曲试验结果应按下列规定进行评定：<br>1 当试验结果，弯曲至 90°，有 2 个或 3 个试件外侧（含焊缝和热影响区）未发生宽度达到 0.5mm 的裂纹，应评定该检验批接头弯曲试验合格。<br>2 当有 2 个试件发生宽度达到 0.5mm 的裂纹，应进行复验。<br>3 当有 3 个试件发生宽度达到 0.5mm 的裂纹，应评定该检验批接头弯曲试验不合格。<br>4 复验时，应切取 6 个试件进行试验。复验结果，当不超过 2 个试件发生宽度达到 0.5mm 的裂纹时，应评定该检验批接头弯曲试验复验合格。</td><td>弯曲试验</td><td></td><td>报告编号：</td></tr>
<tr><td colspan="4">《钢筋机械连接通用技术规程》（JGJ 107—2010）</td></tr>
<tr><td rowspan="2">3.0.5 Ⅰ级、Ⅱ级、Ⅲ级接头的抗拉强度应符合表 3.0.5（见附表 3）的规定。</td><td>形式检验</td><td>抗拉强度：</td><td>试验报告编号：</td></tr>
<tr><td>拉伸试验</td><td>抗拉强度：</td><td>试验报告编号：</td></tr>
<tr><td>7.0.7 对接头的每一验收批，必须在工程结构中随机截取 3 个接头试件作抗拉强度试验，按设计要求的接头等级进行评定。当 3 个接头试件的抗拉强度均符合表 3.0.5 中相应等级的强度要求时，该验收批应评为合格。<br>如有 1 个试件的抗拉强度不符合要求，应再取 6 个试件进行复检，复检中如仍有 1 个试件的抗拉强度不符合要求，则该验收批应评为不合格。</td><td>拉伸试验</td><td>抗拉强度：</td><td>试验报告编号：</td></tr>
<tr><td colspan="2">施工单位项目质检员：<br><br>年 月 日</td><td colspan="2">专业监理工程师：<br><br>年 月 日</td></tr>
</table>

表 TX-1-B-7 附表 1　　JGJ 18—2012 表 5.1.7 预埋件钢筋 T 形接头抗拉强度规定值

| 钢筋牌号 | 抗拉强度规定值（MPa） |
|---|---|
| HPB300 | 400 |
| HRB335、HRBF335 | 435 |
| HRB400、HRBF400 | 520 |
| HRB500、HRBF500 | 610 |
| RRB400W | 520 |

表 TX-1-B-7 附表 2　　JGJ 18—2012 表 5.1.8 接头弯曲试验指标

| 钢筋牌号 | 弯心直径 | 弯曲角度（°） |
|---|---|---|
| HPB300 | $2d$ | 90 |
| HRB335、HRBF335 | $4d$ | 90 |
| HRB400、HRBF400、RRB400W | $5d$ | 90 |
| HRB500、HRBF500 | $7d$ | 90 |
| 注：1. $d$ 为钢筋直径，mm；<br>2. 直径大于 25mm 的钢筋焊接接头，弯心直径应增加 1 倍钢筋直径。 | | |

表 TX-1-B-7 附表 3　　JGJ 107—2010 表 3.0.5 接头的抗拉强度

| 接头等级 | I 级 | II 级 | III 级 |
|---|---|---|---|
| 抗拉强度 | $f_{mst}^{0} \geq f_{stk}$　断于钢筋<br>或 $f_{mst}^{0} \geq 1.10 f_{stk}$　断于接头 | $f_{mst}^{0} \geq f_{stk}$ | $f_{mst}^{0} \geq 1.10 f_{yk}$ |

# 冷轧带肋钢筋工程施工强制性条文执行记录表

表 TX-1-B-8

编号：

<table>
<tr><td>单位工程名称</td><td colspan="4"></td></tr>
<tr><td>分部工程名称</td><td colspan="2"></td><td>分项工程名称</td><td></td></tr>
<tr><td>施工单位</td><td colspan="2"></td><td>项目经理</td><td></td></tr>
<tr><td>强制性条文内容</td><td>执行要素</td><td colspan="2">执行情况</td><td>相关资料</td></tr>
<tr><td colspan="5">《冷轧带肋钢筋混凝土结构技术规程》（JGJ 95—2011）</td></tr>
<tr><td>3.1.2 冷轧带肋钢筋的强度标准值应具有不小于 95%的保证率。<br>钢筋混凝土冷轧带肋钢筋的强度标准值 $f_{yk}$ 应由抗拉屈服强度表示，并应按表 3.1.2-1（见附表 1）采用。预应力混凝土用冷轧带肋钢筋的强度标准值 $f_{ptk}$ 应由抗拉强度表示，并应按表 3.1.2-2 （见附表 2）采用。</td><td>材质证明</td><td colspan="2"></td><td>材料合格证编号：<br>材料复检报告编号：</td></tr>
<tr><td>3.1.3 冷轧带肋钢筋的抗拉强度设计值 $f_y$ 及抗压强度设计值 $f'_y$ 应按表 3.1.3-1（见附表 4）、表 3.1.3-2（见附表 4）采用。</td><td>强度设计值</td><td colspan="2"></td><td>图纸卷册号：</td></tr>
<tr><td colspan="2">施工单位项目质检员：<br><br>年 月 日</td><td colspan="3">专业监理工程师：<br><br>年 月 日</td></tr>
</table>

表 TX-1-B-8 附表 1 JGJ 95—2011 表 3.1.2-1 钢筋混凝土用冷轧带肋钢筋强度标准值

（$N/mm^2$）

| 牌号 | 符号 | 钢筋直径（mm） | $f_{yk}$ |
|---|---|---|---|
| CRB550 | $\Phi^R$ | 4～12 | 500 |
| CRB600H | $\Phi^{RH}$ | 5～12 | 520 |
| 注：表中直径 4mm 的冷轧带肋钢筋仅用于混凝土制品。 | | | |

表 TX-1-B-8 附表 2 JGJ 95—2011 表 3.1.2-2 预应力混凝土用冷轧带肋钢筋强度标准值

（$N/mm^2$）

| 牌号 | 符号 | 钢筋直径（mm） | $f_{ptk}$ |
|---|---|---|---|
| CRB650 | $\Phi^R$ | 4、5、6 | 650 |
| CRB650H | $\Phi^{RH}$ | 5～6 | |
| CRB800 | $\Phi^R$ | 5 | 800 |
| CRB800H | $\Phi^{RH}$ | 5～6 | |
| CRB970 | $\Phi^R$ | 5 | 970 |
| 注：表中直径 4mm 的冷轧带肋钢筋仅用于混凝土制品。 | | | |

表 TX-1-B-8 附表 3 JGJ 95—2011 表 3.1.3-1 钢筋混凝土用冷轧带肋钢筋强度设计值

（$N/mm^2$）

| 牌号 | 符号 | $f_y$ | $f_y'$ |
|---|---|---|---|
| CRB550 | $\Phi^R$ | 400 | 380 |
| CRB600H | $\Phi^{RH}$ | 415 | 380 |
| 注：冷轧带肋钢筋用作横向钢筋的强度设计值 $f_{yy}$，应按表中 $f_y$ 的数值采用；当用作受剪、受扭、受冲切承载力计算时，其数值应取 $360N/mm^2$。 | | | |

表 TX-1-B-8 附表 4 JGJ 95—2011 表 3.1.3-2 预应力混凝土用冷轧带肋钢筋强度设计值

（$N/mm^2$）

| 牌号 | 符号 | $f_{py}$ | $f_{py}'$ |
|---|---|---|---|
| CRB650 | $\Phi^R$ | 430 | 380 |
| CRB650H | $\Phi^{RH}$ | | |
| CRB800 | $\Phi^R$ | 530 | |
| CRB800H | $\Phi^{RH}$ | | |
| CRB970 | $\Phi^R$ | 650 | |

# 现浇混凝土工程施工强制性条文执行记录表

表 TX-1-B-9

编号：

<table>
<tr><td colspan="2">单位工程名称</td><td colspan="3"></td></tr>
<tr><td colspan="2">分部工程名称</td><td></td><td>分项工程名称</td><td></td></tr>
<tr><td colspan="2">施工单位</td><td></td><td>项目经理</td><td></td></tr>
<tr><td>强制性条文内容</td><td>执行要素</td><td>执行情况</td><td colspan="2">相关资料</td></tr>
<tr><td colspan="5">《混凝土结构工程施工质量验收规范》（GB 50204—2002）（2010 年版）</td></tr>
<tr><td rowspan="3">7.2.1　水泥进场时应对其品种、级别、包装或散装仓号、出厂日期等进行检查，并应对其强度、安定性及其他必要的性能指标进行复验，其质量必须符合现行国家标准《硅酸盐水泥、普通硅酸盐水泥》GB 175 等的规定。<br>当在使用中对水泥质量有怀疑或水泥出厂超过三个月（快硬硅酸盐水泥超过一个月）时，应进行复验，并按复验结果使用。钢筋混凝土结构、预应力混凝土结构中，严禁使用含氯化物的水泥。</td><td>水泥品种、级别</td><td></td><td colspan="2">合格证编号：</td></tr>
<tr><td>复验情况</td><td>强度：<br>安定性：<br>氯离子含量：</td><td colspan="2">试验报告编号：</td></tr>
<tr><td>存放情况</td><td></td><td colspan="2"></td></tr>
<tr><td rowspan="5">7.2.2　混凝土中掺用外加剂的质量及应用技术应符合现行国家标准《混凝土外加剂》GB 8076、《混凝土外加剂应用技术规范》GB 50119 等和有关环境保护的规定。<br>预应力混凝土结构中，严禁使用含氯化物的外加剂。钢筋混凝土结构中，当使用含氯化物的外加剂时，混凝土中氯化物的总含量应符合现行国家标准《混凝土质量控制标准》GB 50164 的规定。</td><td>外加剂使用情况</td><td></td><td colspan="2" rowspan="5">合格证及试验报告编号：</td></tr>
<tr><td>外加剂名称</td><td></td></tr>
<tr><td>外加剂质量</td><td></td></tr>
<tr><td>结构类型</td><td></td></tr>
<tr><td>氯化物含量</td><td></td></tr>
<tr><td>8.2.1　现浇结构的外观质量不应有严重缺陷。<br>对已经出现的严重缺陷，应由施工单位提出技术处理方案，并经监理（建设）单位认可后进行处理。对经处理的部位，应重新检查验收。</td><td>外观检查</td><td></td><td colspan="2">检查记录编号：<br>处理方案编号：</td></tr>
</table>

表 TX-1-B-9（续）

| 强制性条文内容 | 执行要素 | 执行情况 | 相关资料 |
| --- | --- | --- | --- |
| 《混凝土结构工程施工质量验收规范》（GB 50204—2002）（2010 年版） | | | |
| 8.3.1 现浇结构不应有影响结构性能和使用功能的尺寸偏差。混凝土设备基础不应有影响结构性能和设备安装的尺寸偏差。<br>对超过尺寸允许偏差且影响结构性能和安装、使用功能的部位，应由施工单位提出技术处理方案，并经监理（建设）单位认可后进行处理。对经处理的部位，应重新检查验收。 | 尺寸偏差 | | 检查记录编号： |
| | 处理方案 | | 处理方案编号： |
| 7.4.1 结构混凝土的强度等级必须符合设计要求。用于检查结构构件混凝土强度的试件，应在混凝土的浇筑地点随机抽取。取样与试件留置应符合下列规定：<br>1 每拌制 100 盘且不超过 100m$^3$ 的同配合比的混凝土，取样不得少于一次；<br>2 每工作班拌制的同一配合比的混凝土不足 100 盘时，取样不得少于一次；<br>3 当一次连续浇筑超过 1000m$^3$ 时，同一配合比的混凝土每 200m$^3$ 取样不得少于一次；<br>4 每一楼层、同一配合比的混凝土，取样不得少于一次；<br>5 每次取样应至少留置一组标准养护试件，同条件养护试件的留置组数应根据实际需要确定。 | 混凝土强度设计值 | | 试验报告编号： |
| | 混凝土试块留置 | | |
| | 混凝土强度 | 抗压强度： | 试验报告编号： |
| 《普通混凝土配合比设计规程》（JGJ 55—2011） | | | |
| 6.2.5 对耐久性有要求的混凝土应进行相关耐久性试验验证。 | 耐久性 | | 试验报告编号： |
| 《普通混凝土用砂、石质量及检验方法标准》（JGJ 52—2006） | | | |
| 1.0.3 对长期处于潮湿环境的重要混凝土结构所用的砂、石应进行碱活性检验。 | 试验报告 | | 试验报告编号： |
| 3.1.10 砂中氯离子含量应符合下列规定：<br>1 对钢筋混凝土用砂，其氯离子含量不得大于 0.06%（以干砂重的百分率计）；<br>2 对预应力混凝土用砂，其氯离子含量不得大于 0.02%（以干砂重的百分率计）。 | 结构类型 | | 图纸卷册号：<br>试验报告编号： |
| | 检验报告 | 氯离子含量： | |

表 TX-1-B-9（续）

<table>
<tr><th>强制性条文内容</th><th>执行要素</th><th>执行情况</th><th>相关资料</th></tr>
<tr><td colspan="4">《混凝土用水标准》（JGJ 63—2006）</td></tr>
<tr><td>3.1.7 未经处理的海水严禁用于钢筋混凝土和预应力混凝土。</td><td>施工用水</td><td></td><td>试验报告编号：</td></tr>
<tr><td colspan="4">《混凝土外加剂应用技术规范》（GB 50119—2003）</td></tr>
<tr><td>2.1.2 严禁使用对人体产生危害、对环境产生污染的外加剂。</td><td>外加剂品种</td><td></td><td>合格证及试验报告编号：</td></tr>
<tr><td rowspan="2">7.2.2 亚硝酸盐、碳酸盐无机盐类的防冻剂严禁用于预应力混凝土结构。</td><td>混凝土结构类型</td><td></td><td>图纸卷册号：</td></tr>
<tr><td>外加剂品种</td><td></td><td>合格证及试验报告编号：</td></tr>
<tr><td rowspan="3">6.2.3 下列结构中严禁采用含有氯盐配制的早强剂及早强减水剂：<br>1 预应力混凝土结构；<br>2 相对湿度大于80%环境中使用的结构、处于水位变化部位的结构、露天结构及经常受雨淋、受水冲刷的结构；<br>3 大体积混凝土；<br>4 直接接触酸、碱或其他侵蚀性介质的结构；<br>5 经常处于温度为60℃以上的结构，需经蒸养的钢筋混凝土预制构件；<br>6 有装饰要求的混凝土，特别是要求色彩一致的或是表面有金属装饰的混凝土；<br>7 薄壁混凝土结构，中级和重级工作制吊车的梁、屋架、落锤及锻锤混凝土基础等结构；<br>8 使用冷拉钢筋或冷拔低碳钢丝的结构；<br>9 骨料具有碱活性的混凝土结构。</td><td>结构类型、部位</td><td></td><td>图纸卷册号：</td></tr>
<tr><td>混凝土配合比</td><td></td><td>混凝土配合比报告：</td></tr>
<tr><td>外加剂</td><td>氯盐含量：</td><td>合格证及试验报告编号：</td></tr>
<tr><td rowspan="3">6.2.4 在下列混凝土结构中严禁采用含有强电解质无机盐类的早强剂及早强减水剂：<br>1 与镀锌钢材或铝铁相接触部位的结构，以及有外露钢筋预埋铁件而无防护措施的结构；<br>2 使用直流电源的结构以及距高压直流电源100m以内的结构。</td><td>结构部位</td><td></td><td>图纸卷册号：</td></tr>
<tr><td>混凝土配合比</td><td></td><td>混凝土配合比报告编号：</td></tr>
<tr><td>外加剂</td><td>强电解质无机盐类含量：</td><td>合格证及试验报告编号：</td></tr>
<tr><td colspan="2">施工单位项目质检员：<br><br>年 月 日</td><td colspan="2">专业监理工程师：<br><br>年 月 日</td></tr>
</table>

# 钢结构制作（安装）焊接工程施工强制性条文执行记录表

表 TX-1-B-10　　　　编号：

<table>
<tr><td>单位工程名称</td><td colspan="3"></td></tr>
<tr><td>分部工程名称</td><td></td><td>分项工程名称</td><td></td></tr>
<tr><td>施工单位</td><td></td><td>项目经理</td><td></td></tr>
<tr><td>强制性条文内容</td><td>执行要素</td><td>执行情况</td><td>相关资料</td></tr>
<tr><td colspan="4">《钢结构工程施工质量验收规范》（GB 50205—2001）</td></tr>
<tr><td rowspan="3">4.2.1　钢材、钢铸件的品种、规格、性能等应符合现行国家产品标准和设计要求。进口钢材产品的质量应符合设计和合同规定标准的要求。<br>检查数量：全数检查。<br>检验方法：检查质量合格证明文件、中文标志及检验报告等。</td><td>设计要求</td><td></td><td>图纸卷册号：</td></tr>
<tr><td>外观检查</td><td></td><td>检查记录：</td></tr>
<tr><td>质量证明文件</td><td>品种：<br>规格：</td><td>合格证及试验报告编号：</td></tr>
<tr><td rowspan="2">4.3.1　焊接材料的品种、规格、性能等应符合现行国家产品标准和设计要求。<br>检查数量：全数检查。<br>检验方法：检查焊接材料的质量合格证明文件、中文标志及检验报告等。</td><td>设计要求</td><td></td><td>图纸卷册号：</td></tr>
<tr><td>质量证明文件</td><td></td><td>合格证试验报告编号：</td></tr>
<tr><td rowspan="2">5.2.2　焊工必须经考试合格并取得合格证书。持证焊工必须在其考试合格项目及其认可范围内施焊。<br>检查数量：全数检查。<br>检验方法：检查焊工合格证及其认可范围、有效期。</td><td>资格证</td><td rowspan="2"></td><td>证件编号：</td></tr>
<tr><td>考试合格证</td><td>证件编号：</td></tr>
<tr><td rowspan="3">5.2.4　设计要求全焊透的一、二级焊缝应采用超声波探伤进行内部缺陷的检验，超声波探伤不能对缺陷作出判断时，应采用射线探伤，其内部缺陷分级及探伤方法应符合现行国家标准《钢焊缝手工超声波探伤方法和探伤结果分级法》GB 11345 或《钢熔化焊对接接头射线照相和质量分级》GB 3323 的规定。<br>焊接球节点网架焊缝、螺栓球节点网架焊缝及圆管 T、K、Y 形节点相关线焊缝，其内部缺陷分级及探伤方法应分别符合国家现行标准《焊接节点钢网架焊缝超声波探伤方法及质量分级法》JBJ/T 3034.1、《螺栓球节点钢网架焊缝超声波探伤方法及质量分级法》JBJ/T3034.2、《建筑钢结构焊接技术规程》JGJ 81 的规定。<br>一级、二级焊缝的质量等级及缺陷分级应符合表 5.2.4（见附表）的规定。</td><td>焊缝等级</td><td></td><td rowspan="2">检验报告编号：</td></tr>
<tr><td>探伤比例</td><td></td></tr>
<tr><td>探伤结果</td><td></td><td>检验报告编号：</td></tr>
</table>

表 TX-1-B-10（续）

| 强制性条文内容 | 执行要素 | 执行情况 | 相关资料 |
| --- | --- | --- | --- |
| 《建筑钢结构焊接技术规程》（JGJ 81—2002） | | | |
| 3.0.1 建筑钢结构用钢材及焊接填充材料的选用应符合设计图的要求，并应具有钢厂和焊接材料厂出具的质量证明书或检验报告；其化学成分、力学性能和其他质量要求必须符合国家现行标准规定。当采用其他钢材和焊接材料替代设计选用的材料时，必须经原设计单位同意。 | 设计要求 | | 图纸卷册号： |
| | 质量证明文件 | | 合格证及检验报告编号： |
| | 材料代用 | | 设计变更： |
| 7.3.3 设计要求全焊透的焊缝，其内部缺陷的检验应符合下列要求：<br>1 一级焊缝应进行 100%的检验，其合格等级应为现行国家标准《钢焊缝手工超声波探伤方法及质量分级法》（GB 11345）B 级检验的Ⅱ级及Ⅱ级以上；<br>2 二级焊缝应进行抽检，抽检比例应不小于 20%，其合格等级应为现行国家标准《钢焊缝手工超声波探伤方法及质量分级法》（GB 11345）B 级检验的Ⅲ级及Ⅲ级以上；<br>3 全焊透的三级焊缝可不进行无损检测。 | 焊缝等级 | | 检验报告编号： |
| | 焊缝数量 | | |
| | 抽检数量 | | |
| | 检验报告 | | |
| 4.4.2 严禁在调质钢上采用塞焊和槽焊焊缝。 | 施焊方法 | | 施工记录编号： |

表 TX-1-B-10（续）

<table>
<tr><th>强制性条文内容</th><th>执行要素</th><th>执行情况</th><th>相关资料</th></tr>
<tr><td colspan="4">《建筑钢结构焊接技术规程》（JGJ 81—2002）</td></tr>
<tr><td rowspan="3">5.1.1 凡符合以下情况之一者，应在钢结构构件制作及安装施工之前进行焊接工艺评定：<br>1 国内首次应用于钢结构工程的钢材（包括钢材牌号与标准相符但微合金强化元素的类别不同和供货状态不同，或国外钢号国内生产）；<br>2 国内首次应用于钢结构工程的焊接材料；<br>3 设计规定的钢材类别、焊接材料、焊接方法、接头形式、焊接位置、焊后热处理制度以及施工单位所采用的焊接工艺参数、预热后热措施等各种参数的组合条件为施工企业首次采用。</td><td>设计要求</td><td></td><td>图纸卷册号编号：</td></tr>
<tr><td>焊接方法、接头形式、焊接位置、工艺参数</td><td></td><td rowspan="2">焊接工艺评定报告编号：</td></tr>
<tr><td>焊接工艺评定</td><td></td></tr>
<tr><td rowspan="4">7.1.5 抽样检查的焊缝数如不合格率小于2%时，该批验收应定为合格；不合格率大于5%时，该批验收应定为不合格；不合格率为2%～5%时，应加倍抽检，且必须在原不合格部位两侧的焊缝延长线各增加一处，如在所有抽检焊缝中不合格率不大于3%时，该批验收应定为合格，大于3%时，该批验收应定为不合格。当批量验收不合格时，应对该批余下焊缝的全数进行检查。当检查出一处裂纹缺陷时，应加倍抽查，如在加倍抽检焊缝中未检查出其他裂纹缺陷时，该批验收应定为合格，当检查出多处裂纹缺陷或加倍抽查又发现裂纹缺陷时，应对该批余下焊缝的全数进行检查。</td><td>焊缝数量</td><td></td><td rowspan="4">检查记录编号：</td></tr>
<tr><td>抽样数量</td><td></td></tr>
<tr><td>不合格率</td><td>不合格率为：</td></tr>
<tr><td>评定结果</td><td></td></tr>
<tr><td colspan="2">施工单位项目质检员：<br><br>年 月 日</td><td colspan="2">专业监理工程师：<br><br>年 月 日</td></tr>
</table>

表 TX-1-B-10 附表 GB 50205—2001 表 5.2.4 一、二级焊缝质量等级及缺陷分级

<table>
<tr><th colspan="2">焊缝质量等级</th><th>一级</th><th>二级</th></tr>
<tr><td rowspan="3">内部缺陷<br>超声波探伤</td><td>评定等级</td><td>II</td><td>III</td></tr>
<tr><td>检验等级</td><td>B 级</td><td>B 级</td></tr>
<tr><td>探伤比例</td><td>100%</td><td>20%</td></tr>
<tr><td rowspan="3">内部缺陷<br>射线探伤</td><td>评定等级</td><td>II</td><td>III</td></tr>
<tr><td>检验等级</td><td>AB 级</td><td>AB 级</td></tr>
<tr><td>探伤比例</td><td>100%</td><td>20%</td></tr>
<tr><td colspan="4">注：探伤比例的计数方法应按以下原则确定：①对工厂制作焊缝，应按每条焊缝计算百分比，且探伤长度不应小于 200mm，当焊缝长度不足 200mm 时，应对整条焊缝进行探伤；②对现场安装焊缝，应按同一类型、同一施焊条件的焊缝条数计算百分比，探伤长度不应小于 200mm，并应不少于 1 条焊缝。</td></tr>
</table>

# 紧固件连接工程施工强制性条文执行记录表

表 TX-1-B-11　　　　编号：

<table>
<tr><td>单位工程名称</td><td colspan="4"></td></tr>
<tr><td>分部工程名称</td><td colspan="2"></td><td>分项工程名称</td><td></td></tr>
<tr><td>施工单位</td><td colspan="2"></td><td>项目经理</td><td></td></tr>
<tr><td colspan="2">强制性条文内容</td><td>执行要素</td><td>执行情况</td><td>相关资料</td></tr>
<tr><td colspan="5">《钢结构工程施工质量验收规范》（GB 50205—2001）</td></tr>
<tr><td colspan="2" rowspan="3">4.2.1　钢材、钢铸件的品种、规格、性能等应符合现行国家产品标准和设计要求。进口钢材产品的质量应符合设计和合同规定标准的要求。<br>检查数量：全数检查。<br>检验方法：检查质量合格证明文件、中文标志及检验报告等。</td><td>设计要求</td><td></td><td>图纸卷册号：</td></tr>
<tr><td>外观检查</td><td></td><td>检查记录编号：</td></tr>
<tr><td>质量证明文件</td><td>品种：<br>规格：</td><td>合格证及试验报告编号：</td></tr>
<tr><td colspan="2" rowspan="3">4.4.1　钢结构连接用高强度大六角头螺栓连接副、扭剪型高强度螺栓连接副、钢网架用高强度螺栓、普通螺栓、铆钉、自攻钉、拉铆钉、射钉、锚栓（机械型和化学试剂型）、地脚锚栓等紧固标准件及螺母、垫圈等标准配件，其品种、规格、性能等应符合现行国家产品标准和设计要求。高强度大六角头螺栓连接副和扭剪型高强度螺栓连接副出厂时应分别随箱带有扭矩系数和紧固轴力（预拉力）的检验报告。<br>检查数量：全数检查。<br>检验方法：检查产品的质量合格证明文件、中文标志及检验报告等。</td><td>设计要求</td><td></td><td>图纸卷册号编号：</td></tr>
<tr><td>质量证明文件</td><td></td><td>合格证编号：</td></tr>
<tr><td>性能检查</td><td>扭矩系数：<br>紧固轴力：</td><td>检验报告编号：</td></tr>
<tr><td colspan="2">6.3.1　钢结构制作和安装单位应按本规范附录 B 的规定分别进行高强度螺栓连接摩擦面的抗滑移系数试验和复验，现场处理的构件摩擦面应单独进行摩擦面抗滑移系数试验，其结果应符合设计要求。<br>检查数量：见本规范附录 B。<br>检验方法：检查摩擦面抗滑移系数试验报告和复验报告。</td><td>试验和复验</td><td>抗滑移系数：</td><td>试验报告编号：<br>复验报告编号：</td></tr>
<tr><td colspan="2">施工单位项目质检员：<br><br>年　　月　　日</td><td colspan="3">专业监理工程师：<br><br>年　　月　　日</td></tr>
</table>

# 钢构件安装工程施工强制性条文执行记录表

表 TX-1-B-12　　　　编号：

| 单位工程名称 | | | |
|---|---|---|---|
| 分部工程名称 | | 分项工程名称 | |
| 施工单位 | | 项目经理 | |
| 强制性条文内容 | 执行要素 | 执行情况 | 相关资料 |
| 《钢结构工程施工质量验收规范》（GB 50205—2001） | | | |
| 8.3.1　吊车梁和吊车桁架不应下挠。<br>检查数量：全数检查。<br>检验方法：构件直立，在两端支承后，用水准仪和钢尺检查。 | 下挠度 | 实测值： | |
| 10.3.4　单层钢结构主体结构的整体垂直度和整体平面弯曲的允许偏差应符合表 10.3.4（见附表 1）的规定。<br>检查数量：对主要立面全部检查。对每个所检查的立面，除两列角柱外，尚应至少选取一列中间柱。<br>检验方法：采用经纬仪、全站仪等测量。 | 整体垂直度 | 实测值： | 整体垂直度编号： |
| | 整体平面弯曲 | 实测值： | 整体平面弯曲编号： |
| 11.3.5　多层及高层钢结构主体结构的整体垂直度和整体平面弯曲的允许偏差应符合表 11.3.5（见附表 2）的规定。<br>检查数量：对主要立面全部检查。对每个所检查的立面，除两列角柱外，尚应至少选取一列中间柱。<br>检验方法：对于整体垂直度，可采用激光经纬仪、全站仪测量，也可根据各节柱的垂直度允许偏差累计（代数和）计算。对于整体平面弯曲，可按产生的允许偏差累计（代数和）计算。 | 整体垂直度 | 实测值： | |
| | 整体平面弯曲 | 实测值： | |
| 12.3.4　钢网架结构总拼完成后及屋面工程完成后应分别测量其挠度值，且所测的挠度值不应超过相应设计值的 1.15 倍。<br>检查数量：跨度 24m 及以下钢网架结构测量下弦中央一点；跨度 24m 以上钢网架结构测量下弦中央一点及各向下弦跨度的四等分点。<br>检验方法：用钢尺和水准仪实测。 | 设计要求 | | 图纸卷册号： |
| | 挠度 | 实测值： | |
| 施工单位项目质检员：<br><br>年　月　日 | | 专业监理工程师：<br><br>年　月　日 | |

表 TX-1-B-12 附表 1　GB 50205—2001 表 10.3.4 整体垂直度和整体平面弯曲的允许偏差

（mm）

| 项　　目 | 允许偏差 | 图例 |
|---|---|---|
| 主体结构的整体垂直度 | $H$/1000，且不应大于 25.0 | 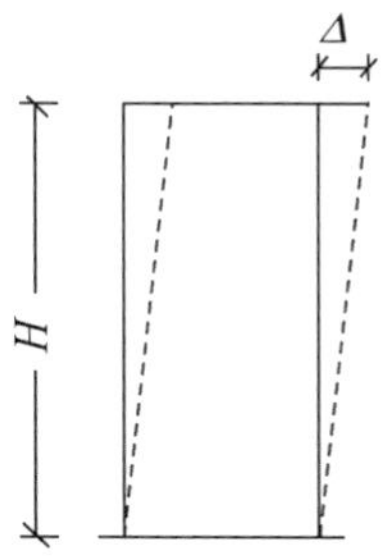 |
| 主体结构的整体平面弯曲 | $L$/1500，且不应大于 25.0 | 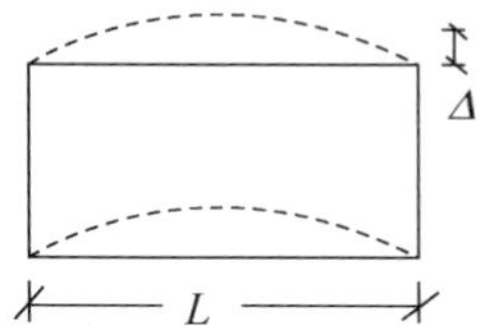 |

表 TX-1-B-12 附表 2　GB 50205—2001 表 11.3.5 整体垂直度和整体平面弯曲的允许偏差

（mm）

| 项　　目 | 允许偏差 | 图例 |
|---|---|---|
| 主体结构的整体垂直度 | （$H$/2500＋10.0），且不应大于 50.0 | 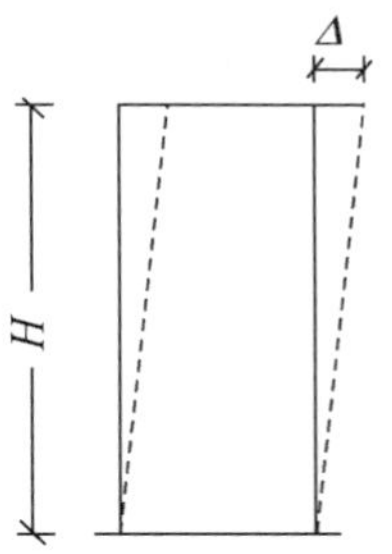 |
| 主体结构的整体平面弯曲 | $L$/1500，且不应大于 25.0 | 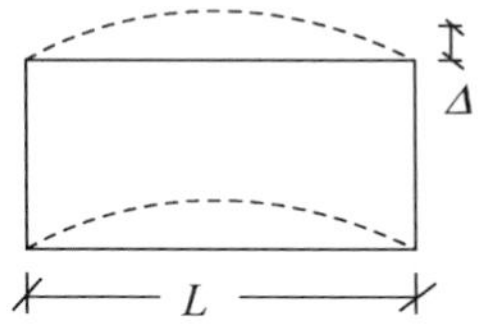 |

# 金属结构涂装工程施工强制性条文执行记录表

表 TX-1-B-13　　　　编号：

| 单位工程名称 | | | |
|---|---|---|---|
| 分部工程名称 | | 分项工程名称 | |
| 施工单位 | | 项目经理 | |
| 强制性条文内容 | 执行要素 | 执行情况 | 相关资料 |
| 《钢结构工程施工质量验收规范》（GB 50205—2001） | | | |
| 14.2.2　涂料、涂装遍数、涂层厚度均应符合设计要求。当设计对涂层厚度无要求时，涂层干漆膜总厚度：室外应为 150μm，室内应为 125μm，其允许偏差为−25μm。每遍涂层干漆膜厚度的允许偏差为−5μm。<br>检查数量：按构件数抽查 10%，且同类构件不应少于 3 件。<br>检验方法：用干漆膜测厚仪检查。每个构件检测 5 处，每处的数值为 3 个相距 50mm 测点涂层干漆膜厚度的平均值。 | 涂刷遍数 | | 图纸卷册号： |
| | 涂层厚度 | 实测值： | |
| 14.3.3　薄涂型防火涂料的涂层厚度应符合有关耐火极限的设计要求。厚涂型防火涂料涂层的厚度，80%及以上面积应符合有关耐火极限的设计要求，且最薄处厚度不应低于设计要求的 85%。<br>检查数量：按同类构件数抽查 10%，且均不应少于 3 件。<br>检验方法：用涂层厚度测量仪、测针和钢尺检查。测量方法应符合国家现行标准《钢结构防火涂料应用技术规程》CECS 24:90 的规定及本规范附录 F。 | 设计要求 | | 图纸卷册号： |
| | 涂料类型 | | 合格证及复验报告编号： |
| | 耐火极限 | | |
| | 最薄处厚度与设计要求的比值 | | |

| 施工单位项目质检员：<br><br>年　月　日 | 专业监理工程师：<br><br>年　月　日 |
|---|---|

# 抹灰工程施工强制性条文执行记录表

表 TX-1-B-14

编号：

<table>
<tr><td colspan="2">单位工程名称</td><td colspan="3"></td></tr>
<tr><td colspan="2">分部工程名称</td><td></td><td>分项工程名称</td><td></td></tr>
<tr><td colspan="2">施工单位</td><td></td><td>项目经理</td><td></td></tr>
<tr><td colspan="2">强制性条文内容</td><td>执行要素</td><td>执行情况</td><td>相关资料</td></tr>
<tr><td colspan="5">《建筑装饰装修工程质量验收规范》（GB 50210—2001）</td></tr>
<tr><td colspan="2">3.1.1 建筑装饰装修工程必须进行设计，并出具完整的施工图设计文件。</td><td>设计文件</td><td></td><td>图纸卷册号：</td></tr>
<tr><td colspan="2" rowspan="3">3.1.5 建筑装饰装修工程设计必须保证建筑物的结构安全和主要使用功能。当涉及主体和承重结构改动或增加荷载时，必须由原结构设计单位或具备相应资质的设计单位核查有关原始资料，对既有建筑结构的安全性进行核验、确认。</td><td>设计变更</td><td></td><td>设计变更编号：</td></tr>
<tr><td>审查单位</td><td></td><td>资质证书：</td></tr>
<tr><td>安全性核验</td><td></td><td>核验报告编号：</td></tr>
<tr><td colspan="2" rowspan="2">3.2.3 建筑装饰装修工程所用材料应符合国家有关建筑装饰装修材料有害物质限量标准的规定。</td><td>材料选用</td><td></td><td>合格证编号：</td></tr>
<tr><td>材料证明</td><td></td><td>检验报告编号：</td></tr>
<tr><td colspan="2" rowspan="2">3.3.4 建筑装饰装修工程施工中，严禁违反设计文件擅自改动建筑主体、承重结构或主要使用功能；严禁未经设计确认和有关部门批准擅自拆改水、暖、电、燃气、通讯等配套设施。</td><td>改动情况</td><td></td><td>检查记录编号：</td></tr>
<tr><td>设计文件</td><td></td><td>设计变更编号：</td></tr>
<tr><td colspan="2">3.3.5 施工单位应遵守有关环境保护的法律法规，并应采取有效措施控制施工现场的各种粉尘、废气、废弃物、噪声、振动等对周围环境造成的污染和危害。</td><td>防治措施</td><td></td><td>防治措施编号：<br>检查记录编号：</td></tr>
<tr><td colspan="2">4.1.12 外墙和顶棚的抹灰层与基层之间及各抹灰层之间必须粘结牢固。</td><td>粘结质量</td><td></td><td>检查记录编号：</td></tr>
<tr><td colspan="2">施工单位项目质检员：<br><br>年 月 日</td><td colspan="3">专业监理工程师：<br><br>年 月 日</td></tr>
</table>

# 门窗工程施工强制性条文执行记录表

表 TX-1-B-15 编号：

<table>
<tr><td colspan="2">单位工程名称</td><td colspan="3"></td></tr>
<tr><td colspan="2">分部工程名称</td><td></td><td>分项工程名称</td><td></td></tr>
<tr><td colspan="2">施工单位</td><td></td><td>项目经理</td><td></td></tr>
<tr><td>强制性条文内容</td><td colspan="2">执行要素</td><td>执行情况</td><td>相关资料</td></tr>
<tr><td colspan="5">《建筑装饰装修工程质量验收规范》（GB 50210—2001）</td></tr>
<tr><td>3.1.1 建筑装饰装修工程必须进行设计，并出具完整的施工图设计文件。</td><td colspan="2">设计文件</td><td></td><td>图纸卷册号：</td></tr>
<tr><td rowspan="3">3.1.5 建筑装饰装修工程设计必须保证建筑物的结构安全和主要使用功能。当涉及主体和承重结构改动或增加荷载时，必须由原结构设计单位或具备相应资质的设计单位核查有关原始资料，对既有建筑结构的安全性进行核验、确认。</td><td colspan="2">设计变更</td><td></td><td>设计变更编号：</td></tr>
<tr><td colspan="2">审查单位</td><td></td><td>资质证书：</td></tr>
<tr><td colspan="2">安全性核验</td><td></td><td>核验报告编号：</td></tr>
<tr><td rowspan="2">3.2.3 建筑装饰装修工程所用材料应符合国家有关建筑装饰装修材料有害物质限量标准的规定。</td><td colspan="2">材料选用</td><td></td><td>合格证编号：</td></tr>
<tr><td colspan="2">材料证明</td><td></td><td>检验报告编号：</td></tr>
<tr><td rowspan="2">3.3.4 建筑装饰装修工程施工中，严禁违反设计文件擅自改动建筑主体、承重结构或主要使用功能；严禁未经设计确认和有关部门批准擅自拆改水、暖、电、燃气、通讯等配套设施。</td><td colspan="2">改动情况</td><td></td><td>检查记录编号：</td></tr>
<tr><td colspan="2">设计文件</td><td></td><td>设计变更编号：</td></tr>
<tr><td>3.3.5 施工单位应遵守有关环境保护的法律法规，并应采取有效措施控制施工现场的各种粉尘、废气、废弃物、噪声、振动等对周围环境造成的污染和危害。</td><td colspan="2">防治措施</td><td></td><td>防治措施编号：<br>检查记录编号：</td></tr>
</table>

表 TX-1-B-15（续）

| 强制性条文内容 | 执行要素 | 执行情况 | 相关资料 |
|---|---|---|---|
| 《建筑装饰装修工程质量验收规范》（GB 50210—2001） | | | |
| 3.2.9　建筑装饰装修工程所使用的材料应按设计要求进行防火、防腐和防虫处理。 | 设计要求 | | 图纸卷册号： |
| | 防火、防腐和防虫处理措施 | | 检查记录编号： |
| 5.1.11　建筑外门窗的安装必须牢固。在砌体上安装门窗严禁用射钉固定。 | 固定方式 | | 检查记录编号： |
| 《建筑玻璃应用技术规程》（JGJ 113—2009） | | | |
| 8.2.2　屋面玻璃必须使用安全玻璃。当屋面最高点距地面的高度大于 3m 时，必须使用夹层玻璃。用于屋面的夹层玻璃，其胶片厚度不应小于 0.76mm。 | 玻璃品种 | | 合格证编号： |
| 9.1.2　地板玻璃必须使用夹层玻璃。点支撑地板玻璃必须使用钢化夹层玻璃。钢化玻璃应进行匀质处理。 | 玻璃品种 | | 合格证编号： |
| 施工单位项目质检员：<br>年　　月　　日 | 专业监理工程师：<br>年　　月　　日 | | |

# 屋面工程施工强制性条文执行记录表

表 TX-1-B-16　　　　　　　　　　　　　　　　　　　　编号：

<table>
<tr><td>单位工程名称</td><td colspan="3"></td></tr>
<tr><td>分部工程名称</td><td></td><td>分项工程名称</td><td></td></tr>
<tr><td>施工单位</td><td></td><td>项目经理</td><td></td></tr>
<tr><td>强制性条文内容</td><td>执行要素</td><td>执行情况</td><td>相关资料</td></tr>
<tr><td colspan="4">《屋面工程质量验收规范》（GB 50207—2012）</td></tr>
<tr><td rowspan="3">3.0.6　屋面工程所用的防水、保温材料应有产品合格证书和性能检测报告，材料的品种、规格、性能等必须符合国家现行产品标准和设计要求。产品质量应由经过省级以上建设行政主管部门对其资质认可和质量技术监督部门对其计量认证的质量检测单位进行检测。</td><td>设计要求</td><td></td><td>图纸卷册号：</td></tr>
<tr><td>原材料材质</td><td></td><td>合格证编号：</td></tr>
<tr><td>性能检测</td><td></td><td>检测报告编号：</td></tr>
<tr><td>3.0.12　屋面防水工程完工后，应进行观感质量检查和雨后观察或淋水、蓄水试验，不得有渗漏或积水现象。</td><td>观感质量检查</td><td></td><td>检测报告编号：</td></tr>
<tr><td rowspan="2">5.1.7　保温材料的导热系数、表观密度或干密度、抗压强度或压缩强度、燃烧性能，必须符合设计要求。</td><td>设计要求</td><td></td><td>图纸卷册号：</td></tr>
<tr><td>导热系数、表观密度（干密度）、抗压强度（压缩强度）</td><td></td><td>检查记录编号：</td></tr>
</table>

**表 TX-1-B-16（续）**

| 强制性条文内容 | 执行要素 | 执行情况 | 相关资料 |
|---|---|---|---|
| 《屋面工程技术规范》（GB 50345—2012） | | | |
| 3.0.5 屋面工程应根据建筑物的类别、重要程度、使用功能要求确定防水等级，并应按相应等级进行防水设防；对防水有特殊要求的建筑屋面，应进行专项防水设计。屋面防水等级和设防要求应符合表 3.0.5（见附表 1）的要求。 | 防水等级 | | 图纸卷册号： |
| | 设防要求 | | |
| | 材料选用 | | 合格证编号： |
| 4.5.1 卷材、涂膜屋面防水等级和防水做法应符合表 4.5.1（见附表 2）的规定。 | 施工措施 | | 施工措施编号：<br>检查记录编号： |
| 4.5.5 每道卷材防水层最小厚度应符合表 4.5.5（见附表 3）的规定。 | 厚度 | | 检查记录编号： |
| 4.5.6 每道涂膜防水层最小厚度应符合表 4.5.6（见附表 4）的规定。 | 厚度 | | 检查记录编号： |
| 4.5.7 复合防水层最小厚度应符合表 4.5.7（见附表 5）的规定。 | 厚度 | | 检查记录编号： |
| 5.1.6 屋面工程施工必须符合下列安全规定：<br>1 严禁在雨天、雪天和五级风及其以上时施工；<br>2 屋面周边和预留孔洞部位，必须按临边洞口防护规定设置安全护栏和安全网；<br>3 屋面坡度大于 30%时，应采取防滑措施；<br>4 施工人员应穿防滑鞋，特殊情况下无可靠安全措施时，操作人员必须系好安全带并扣好保险钩。 | 安全 | | 检查记录编号：<br>交底记录编号： |
| 施工单位项目质检员：<br>年 月 日 | | 专业监理工程师：<br>年 月 日 | |

表 TX-1-B-16 附表 1　　GB 50345—2012 表 3.0.5 屋面防水等级和设防要求

| 防水等级 | 建筑类别 | 设防要求 |
|---|---|---|
| Ⅰ级 | 重要建筑和高层建筑 | 两道防水设防 |
| Ⅱ级 | 一般建筑 | 一道防水设防 |

表 TX-1-B-16 附表 2　GB 50345—2012 表 4.5.1 卷材、涂膜屋面防水等级和防水做法

| 防水等级 | 防水做法 |
|---|---|
| Ⅰ级 | 卷材防水层和卷材防水层、卷材防水层和涂膜防水层、复合防水层 |
| Ⅱ级 | 卷材防水层、涂膜防水层、复合防水层 |
| 注：在Ⅰ级屋面防水做法中，防水层仅作单层卷材时，应符合有关单层防水卷材屋面技术的规定。 | |

表 TX-1-B-16 附表 3　　GB 50345—2012 表 4.5.5 每道卷材防水层最小厚度　　（mm）

| 防水等级 | 合成高分子防水卷材 | 高聚物改性沥青防水卷材 | | |
|---|---|---|---|---|
| | | 聚酯胎、玻纤胎、聚乙烯胎 | 自粘聚酯胎 | 自粘无胎 |
| Ⅰ级 | 1.2 | 3.0 | 2.0 | 1.5 |
| Ⅱ级 | 1.5 | 4.0 | 3.0 | 2.0 |

表 TX-1-B-16 附表 4　　GB 50345—2012 表 4.5.6 每道涂膜防水层最小厚度　　（mm）

| 防水等级 | 合成高分子防水涂膜 | 聚合物水泥防水涂膜 | 高聚物改性沥青防水涂膜 |
|---|---|---|---|
| Ⅰ级 | 1.5 | 1.5 | 2.0 |
| Ⅱ级 | 2.0 | 2.0 | 3.0 |

表 TX-1-B-16 附表 5　　GB 50345—2012 表 4.5.7 复合防水层最小厚度　　（mm）

| 防水等级 | 合成高分子防水卷材+合成高分子防水涂膜 | 自粘聚合物改性沥青防水卷材（无胎）+合成高分子防水涂膜 | 高聚物改性沥青防水卷材+高聚物改性沥青防水涂膜 | 聚乙烯丙纶卷材+聚合物水泥防水胶结材料 |
|---|---|---|---|---|
| Ⅰ级 | 1.2+1.5 | 1.5+1.5 | 3.0+2.0 | （0.7+1.3）×2 |
| Ⅱ级 | 1.0+1.0 | 1.2+1.0 | 3.0+1.2 | 0.7+1.3 |

# 室内给水系统工程施工强制性条文执行记录表

表 TX-1-B-17 编号：

<table>
<tr><td colspan="2">单位工程名称</td><td colspan="3"></td></tr>
<tr><td colspan="2">分部工程名称</td><td></td><td>分项工程名称</td><td></td></tr>
<tr><td colspan="2">施工单位</td><td></td><td>项目经理</td><td></td></tr>
<tr><td>强制性条文内容</td><td>执行要素</td><td colspan="2">执行情况</td><td>相关资料</td></tr>
<tr><td colspan="5">《建筑给水排水及采暖工程施工质量验收规范》（GB 50242—2002）</td></tr>
<tr><td rowspan="3">3.3.3 地下室或地下构筑物外墙有管道穿过的，应采取防水措施。对有严格防水要求的建筑物，必须采用柔性防水套管。</td><td>防水要求</td><td colspan="2"></td><td>图纸卷册号：</td></tr>
<tr><td>套管选用</td><td colspan="2"></td><td rowspan="2">检查记录：</td></tr>
<tr><td>防水措施</td><td colspan="2"></td></tr>
<tr><td rowspan="2">3.3.16 各种承压管道系统和设备应做水压试验，非承压管道系统和设备应做灌水试验。</td><td>系统压力</td><td colspan="2"></td><td rowspan="2">水压试验记录：<br>灌水试验记录：</td></tr>
<tr><td>严密性试验</td><td colspan="2"></td></tr>
<tr><td>4.1.2 给水管道必须采用与管材相适应的管件。生活给水系统所涉及的材料必须达到饮用水卫生标准。</td><td>管件、管材选用</td><td colspan="2"></td><td>产品合格证编号：</td></tr>
<tr><td rowspan="3">4.3.1 室内消火栓系统安装完成后应取屋顶层（或水箱间内）试验消火栓和首层取二处消火栓做试射试验，达到设计要求为合格。<br>检验方法：实地试射检查。</td><td>设计要求</td><td colspan="2"></td><td>图纸卷册号编号：</td></tr>
<tr><td>试验部位</td><td colspan="2"></td><td rowspan="2">试射试验记录：</td></tr>
<tr><td>试射试验</td><td colspan="2"></td></tr>
<tr><td colspan="2">施工单位项目质检员：<br><br>年 月 日</td><td colspan="3">专业监理工程师：<br><br>年 月 日</td></tr>
</table>

# 建筑电气工程施工强制性条文执行记录表

表 TX-1-B-18　　　　　　　　　　　　　　　　　　　　　　编号：

| 单位工程名称 | | | |
|---|---|---|---|
| 分部工程名称 | | 分项工程名称 | |
| 施工单位 | | 项目经理 | |
| **强制性条文内容** | **执行要素** | **执行情况** | **相关资料** |
| 《建筑电气工程施工质量验收规范》（GB 50303—2002） | | | |
| 3.1.7　接地（PE）或接零（PEN）支线必须单独与接地（PE）或接零（PEN）干线相连接，不得串联连接。 | 与干线连接 | | 检查记录编号： |
| 7.1.1　电动机、电加热器及电动执行机构的可接近裸露导体必须接地（PE）或接零（PEN）。 | 接地情况 | | 检查记录编号： |
| 12.1.1　金属电缆桥架及其支架和引入或引出的金属电缆导管必须接地（PE）或接零（PEN）可靠，且必须符合下列规定：<br>1　金属电缆桥架及其支架全长应不少于 2 处与接地（PE）或接零（PEN）干线相连接；<br>2　非镀锌电缆桥架间连接板的两端跨接铜芯接地线，接地线最小允许截面积不小于 $4mm^2$；<br>3　镀锌电缆桥架间连接板的两端不跨接接地线，但连接板两端不少于 2 个有防松螺帽或防松垫圈的连接固定螺栓。 | 接地连接 | | 检查记录编号： |
| 13.1.1　金属电缆支架、电缆导管必须接地（PE）或接零（PEN）可靠。 | 接地连接 | | 检查记录编号： |
| | 施工措施 | | |
| 14.1.2　金属导管严禁对口熔焊连接；镀锌和壁厚小于等于 2mm 的钢导管不得套管熔焊连接。 | 施工措施 | | 检查记录编号： |
| | 导管连接 | | |

表 TX-1-B-18（续）

<table>
<tr><th>强制性条文内容</th><th>执行要素</th><th>执行情况</th><th>相关资料</th></tr>
<tr><td colspan="4">《建筑电气工程施工质量验收规范》（GB 50303—2002）</td></tr>
<tr><td rowspan="2">15.1.1　三相或单相的交流单芯电缆，不得单独穿于钢导管内。</td><td>施工措施</td><td></td><td>检查记录编号：</td></tr>
<tr><td>电缆敷设</td><td></td><td></td></tr>
<tr><td rowspan="2">19.1.6　当灯具距地面高度小于 2.4m 时，灯具的可接近裸露导体必须接地（PE）或接零（PEN）可靠，并应有专用接地螺栓，且有标识。</td><td>对地距离</td><td></td><td>检查记录编号：</td></tr>
<tr><td>接地检查</td><td></td><td></td></tr>
<tr><td rowspan="2">22.1.2　插座接线应符合下列规定：<br>1　单相两孔插座，面对插座的右孔或上孔与相线连接，左孔或下孔与零线连接；单相三孔插座，面对插座的右孔与相线连接，左孔与零线连接。<br>2　单相三孔、三相四孔及三相五孔插座的接地（PE）或接零（PEN）线接在上孔。插座的接地端子不与零线端子连接。同一场所的三相插座，接线的相序一致。<br>3　接地（PE）或接零（PEN）线在插座间不串联连接。</td><td>接线位置</td><td></td><td>检查记录编号：</td></tr>
<tr><td>接线方式</td><td></td><td></td></tr>
<tr><td rowspan="2">24.1.2　测试接地装置的接地电阻值必须符合设计要求。</td><td>设计要求</td><td></td><td>图纸卷册号：</td></tr>
<tr><td>电阻测试</td><td>实测电阻：</td><td>接地电阻测试记录编号：</td></tr>
<tr><td colspan="2">施工单位项目质检员：<br><br>年　　月　　日</td><td colspan="2">专业监理工程师：<br><br>年　　月　　日</td></tr>
</table>

# 通风与空调工程施工强制性条文执行记录表

表 TX-1-B-19 编号：

<table>
<tr><td colspan="2">单位工程名称</td><td colspan="4"></td></tr>
<tr><td colspan="2">分部工程名称</td><td colspan="2"></td><td>分项工程名称</td><td></td></tr>
<tr><td colspan="2">施工单位</td><td colspan="2"></td><td>项目经理</td><td></td></tr>
<tr><td colspan="3">强制性条文内容</td><td>执行要素</td><td>执行情况</td><td>相关资料</td></tr>
<tr><td colspan="6">《通风与空调工程施工质量验收规范》（GB 50243—2002）</td></tr>
<tr><td colspan="3" rowspan="3">4.2.3 防火风管的本体、框架与固定材料、密封垫料必须为不燃材料，其耐火等级应符合设计的规定。<br>检查数量：按材料与风管加工批数量抽查10%，不应少于5件。<br>检查方法：查验材料质量合格证明文件、性能检测报告，观察检查与点燃试验。</td><td>设计要求</td><td></td><td>图纸卷册号：</td></tr>
<tr><td>耐火等级</td><td></td><td>合格证编号：</td></tr>
<tr><td>材料选用</td><td></td><td></td></tr>
<tr><td colspan="3">4.2.4 复合材料风管的覆面材料必须为不燃材料，内部的绝热材料应为不燃或难燃B1级，且对人体无害的材料。<br>检查数量：按材料与风管加工批数量抽查10%，不应少于5件。<br>检查方法：查验材料质量合格证明文件、性能检测报告，观察检查与点燃试验。</td><td>材料选用</td><td></td><td>合格证及检验报告编号：</td></tr>
<tr><td colspan="3" rowspan="2">5.2.4 防爆风阀的制作材料必须符合设计规定，不得自行替换。<br>检查数量：全数检查。<br>检查方法：核对材料品种、规格，观察检查。</td><td>设计要求</td><td></td><td>图纸卷册号编号：</td></tr>
<tr><td>材料选用</td><td></td><td>合格证编号：</td></tr>
<tr><td colspan="3">5.2.7 防、排烟系统柔性短管的制作材料必须为不燃材料。<br>检查数量：全数检查。<br>检查方法：核对材料品种的合格证明文件。</td><td>材料选用</td><td></td><td>合格证编号：</td></tr>
<tr><td colspan="3" rowspan="2">6.2.1 在风管穿过需要封闭的防火、防爆的墙体或楼板时，应设预埋管或防护套管，其钢板厚度不应小于1.6mm。风管与防护套管之间，应用不燃且对人体无危害的柔性材料封堵。<br>检查数量：按数量抽查20%，不得少于1个系统。<br>检查方法：尺量、观察检查。</td><td>套管埋设</td><td></td><td rowspan="2">施工记录编号：</td></tr>
<tr><td>套管间隙封堵</td><td></td></tr>
<tr><td colspan="3">6.2.2 风管安装必须符合下列规定：<br>1 风管内严禁其他管线穿越；<br>2 输送含有易燃、易爆气体或安装在易燃、易爆环境的风管系统应有良好的接地，通过生活区或其他辅助生产房间时必须严密，并不得设置接口；<br>3 室外立管的固定拉索严禁拉在避雷针或避雷网上。<br>检查数量：按数量抽查20%，不得少于1个系统。<br>检查方法：手扳、尺量、观察检查。</td><td>风管安装</td><td></td><td>检查记录编号：</td></tr>
</table>

表 TX-1-B-19（续）

<table>
<tr><th>强制性条文内容</th><th>执行要素</th><th>执行情况</th><th>相关资料</th></tr>
<tr><td colspan="4">《通风与空调工程施工质量验收规范》（GB 50243—2002）</td></tr>
<tr><td>7.2.2 通风机传动装置的外露部位以及直通大气的进、出口，必须装设防护罩（网）或采取其他安全设施。<br>检查数量：全数检查。<br>检查方法：依据设计图核对、观察检查。</td><td>安全设施</td><td></td><td>检查记录编号：</td></tr>
<tr><td>7.2.7 静电空气过滤器金属外壳接地必须良好。<br>检查数量：按总数抽查 20%，不得少于 1 台。<br>检查方法：核对材料、观察检查或电阻测定。</td><td>接地检查</td><td></td><td>接地电阻测试编号：</td></tr>
<tr><td rowspan="3">7.2.8 电加热器的安装必须符合下列规定：<br>1 电加热器与钢构架间的绝缘层必须为不燃材料，接线柱外漏的应加设安全防护罩。<br>2 电加热器的金属外壳接地必须良好。<br>3 连接电加热器的风管的法兰垫片，应采用耐热不燃材料。<br>检查数量：按总数抽查 20%，不得少于 1 台。<br>检查方法：核对材料、观察检查或电阻测定。</td><td>绝缘层</td><td rowspan="3"></td><td rowspan="3">合格证编号：</td></tr>
<tr><td>金属外壳</td></tr>
<tr><td>法兰垫片材质</td></tr>
<tr><td rowspan="2">11.2.1 通风与空调工程安装完毕，必须进行系统的测定和调整（简称调试）。系统调试应包括下列项目：<br>1 设备单机试运转及调试；<br>2 系统无生产负荷下的联合试运转及调试。<br>检查数量：全数。<br>检查方法：观察、旁站、查阅调试记录。</td><td>单机调试</td><td></td><td>调试记录编号：</td></tr>
<tr><td>系统调试</td><td></td><td>调试记录编号：</td></tr>
<tr><td rowspan="2">11.2.4 防排烟系统联合试运行与调试的结果（风量及正压），必须符合设计与消防的规定。<br>检查数量：按总数抽查 10%，且不得少于 2 个楼层。<br>检查方法：观察、旁站、查阅调试记录。</td><td>设计要求和<br>消防规定</td><td></td><td>图纸卷册号编号：</td></tr>
<tr><td>调试及试运行</td><td></td><td>调试报告编号：</td></tr>
<tr><td colspan="2">施工单位项目质检员：<br><br>年 月 日</td><td colspan="2">专业监理工程师：<br><br>年 月 日</td></tr>
</table>

# 土 建 工 程

## 强制性条文执行检查表

# 地基与基础工程施工强制性条文执行检查表

表 TX-1-C-1　　　　编号：

| 单位工程名称 | | 分部工程名称 | |
|---|---|---|---|
| 施工单位 | | 项目经理 | |

| 序号 | 强制性条文内容 | 执行情况 | 相关资料 |
|---|---|---|---|
| 《建筑工程施工质量验收统一标准》（GB 50300—2001） | | | |
| 1 | 3.0.3　建筑工程施工质量应按下列要求进行验收：<br>1　建筑工程施工质量应符合本标准和相关专业验收规范的规定。<br>2　建筑工程施工应符合工程勘察、设计文件的要求。<br>3　参加工程施工质量验收的各方人员应具备规定的资格。<br>4　工程质量的验收均应在施工单位自行检查评定的基础上进行。<br>5　隐蔽工程在隐蔽前应由施工单位通知有关单位进行验收，并应形成验收文件。<br>6　涉及结构安全的试块、试件以及有关材料，应按规定进行见证取样检测。<br>7　检验批的质量应按主控项目和一般项目验收。<br>8　对涉及结构安全和使用功能的重要分部工程应进行抽样检测。<br>9　承担见证取样检测及有关结构安全检测的单位应具有相应资质。<br>10　工程的观感质量应由验收人员通过现场检查，并应共同确认。 | | 表 TX-1-B-1 |
| 《建筑地基基础工程施工质量验收规范》（GB 50202—2002） | | | |
| 2 | 7.1.3　土方开挖的顺序、方法必须与设计工况相一致，并遵循“开槽支撑，先撑后挖，分层开挖。严禁超挖”的原则。 | | 表 TX-1-B-2 |
| 3 | 7.1.7　基坑（槽）、管沟土方工程验收必须确保支护结构安全和周围环境安全为前提。当设计有指标时，以设计要求为依据，如无设计指标时应按表 7.1.7 的规定执行。 | | 表 TX-1-B-2 |

表 TX-1-C-1（续）

| 序号 | 强制性条文内容 | 执行情况 | 相关资料 |
|---|---|---|---|
| 《湿陷性黄土地区建筑规范》（GB 50025—2004） | | | |
| 4 | 8.1.1 在湿陷性黄土场地，对建筑物及其附属工程进行施工，应根据湿陷性黄土的特点和设计要求采取措施防止施工用水和场地雨水流入建筑物地基（或基坑内）引起湿陷。 | | 表 TX-1-B-3 |
| 5 | 8.1.5 在建筑物邻近修建地下工程时，应采取有效措施，保证原有建筑物和管道系统的安全使用，并应保持场地排水畅通。 | | 表 TX-1-B-3 |
| 6 | 8.2.1 建筑场地的防洪工程应提前施工，并应在汛期前完成。 | | |
| 7 | 8.3.1 浅基坑或基槽的开挖与回填，应符合下列规定：<br>1 当基坑或基槽挖至设计深度或标高时，应进行验槽；<br>2 在大型基坑内的基础位置外，宜设不透水的排水沟和集水坑，如有积水应及时排除；<br>3 当大型基坑内的土挖至接近设计标高，而下一工序不能连续进行时，宜在设计标高以上保留 300～500mm 厚的土层，待继续施工时挖除；<br>4 从基坑或基槽内挖出的土，堆放距离基坑或基槽壁的边缘不宜小于 1m；<br>5 设置土（或灰土）垫层或施工基础前，应在基坑或基槽底面打底夯，同一夯点不宜少于 3 遍，当表层土的含水量过大或局部地段有松软土层时，应采取晾干或换土等措施；<br>6 基础施工完毕，其周围的灰、砂、砖等，应及时清除，并应用素土在基础周围分层回填夯实，至散水垫层底面或至室内地坪垫层底面止，其压实系数不宜小于 0.93。 | | |
| 8 | 8.3.2 深基坑的开挖与支护，必须进行勘查与设计。 | | |
| 9 | 8.5.5 管道和水池等施工完毕，必须进行水压试验。不合格的应返修或加固，重做试验，直至合格为止。<br>清洗管道用水、水池用水和试验用水，应将其引入排水系统，不得任意排放。 | | |
| 10 | 8.4.5 当发现地基湿陷使建筑物产生裂缝时，应暂行停止施工，切断有关水源，查明浸水的原因和范围，对建筑物的沉降和裂缝加强观测，并绘图记录，经处理后方可继续施工。 | | |

表 TX-1-C-1（续）

| 序号 | 强制性条文内容 | 执行情况 | 相关资料 |
| --- | --- | --- | --- |
| 《膨胀土地区建筑技术规范》（GB 50112—2013） | | | |
| 11 | 3.0.3 地基基础设计应符合下列规定：<br>1 建筑物的地基计算应满足承载力计算的有关规定；<br>2 地基基础设计等级为甲级、乙级的建筑物，均应按地基变形设计；<br>3 建造在坡地或斜坡附件的建筑物以及受水平荷载作用的高层建筑、高耸构筑物和挡土结构、基坑支护等工程，尚应进行稳定性验算，验算时应计及水平膨胀力的作用。 | | 表 TX-1-B-4 |
| 12 | 5.2.2 膨胀土地基上建筑物的基础埋置深度不应小于 1m。 | | |
| 13 | 5.2.16 膨胀土地基上建筑物的地基变形计算值，不应大于地基变形允许值。地基变形允许值应符合表 5.2.16 的规定。表 5.2.16 中未包括的建筑物，其地基变形允许值应根据上部结构对地基变形的适应能力及功能要求确定。 | | |
| 《建筑基坑支护技术规程》（JGJ 120—2012） | | | |
| 14 | 3.1.2 基础支护应满足下列功能要求：<br>1 保证基坑周围建（构）筑物、地下管线、道路的安全和正常使用。<br>2 保证主体地下结构的施工空间。 | | 表 TX-1-B-2 |
| 15 | 8.1.3 当基坑开挖面上方的锚杆、土钉、支撑未达到设计要求时，严禁向下超挖土方。 | | |
| 16 | 8.1.4 采用锚杆或支撑的支护结构，在未达到设计规定的拆除条件时，严禁拆除锚杆或支撑。 | | |
| 17 | 8.1.5 基坑周围施工材料、设施或车辆载荷严禁超过设计要求的地面荷载限值。 | | |
| 《建筑边坡工程技术规范》（GB 50330—2002） | | | |
| 18 | 15.1.2 对土石方开挖后不稳定或欠稳定的边坡，应根据边坡的地质特征和可能发生的破坏等情况，采取自上而下、分段跳槽、及时支护的逆作法或部分逆作法施工。严禁无序大开挖、大爆破作业。 | | 表 TX-1-B-2 |
| 19 | 15.1.6 一级边坡工程施工应采用信息施工法。 | | |
| 20 | 15.4.1 岩石边坡开挖采用爆破法施工时，应采取有效措施避免爆破对边坡和坡顶建（构）筑物的震害。 | | |

表 TX-1-C-1（续）

| 序号 | 强制性条文内容 | 执行情况 | 相关资料 |
| --- | --- | --- | --- |
| 《混凝土结构工程施工质量验收规范》（GB 50204—2002）（2010 年版） | | | |
| 21 | 4.1.1 模板及其支架应根据工程结构形式、荷载大小、地基土类别、施工设备和材料供应等条件进行设计。模板及其支架应具有足够的承载能力、刚度和稳定性，能可靠地承受浇筑混凝土的重量、侧压力以及施工荷载。 | | 表 TX-1-B-6 |
| 22 | 4.1.3 模板及其支架拆除的顺序及安全措施应按施工技术方案执行。 | | |
| 《混凝土结构工程施工规范》（GB 50666—2011） | | | |
| 23 | 5.1.3 当需要进行钢筋代换时，应办理设计变更文件。 | | 表 TX-1-B-7 |
| 24 | 5.2.2 对有抗震设防要求的结构，其纵向受力钢筋的性能应满足设计要求；当设计无具体要求时，对按一、二、三级抗震等级设计的框架和斜撑构件（含梯段）中的纵向受力钢筋应采用 HRB335E、HRB400E、HRB500E、HRBF335E、HRBF400E 或 HRBF500E 钢筋，其强度和最大力下总伸长率的实测值应符合下列规定：<br>1 钢筋的抗拉强度实测值与屈服强度实测值的比值不应小于 1.25；<br>2 钢筋的屈服强度实测值与屈服强度标准值的比值不应大于 1.30；<br>3 钢筋的最大力下总伸长率不应小于 9%。 | | |
| 《混凝土结构工程施工质量验收规范》（GB 50204—2002）（2010 年版） | | | |
| 25 | 7.2.1 水泥进场时应对其品种、级别、包装或散装仓号、出厂日期等进行检查，并应对其强度、安定性及其他必要的性能指标进行复验，其质量必须符合现行国家标准《硅酸盐水泥、普通硅酸盐水泥》GB 175 等的规定。<br>当在使用中对水泥质量有怀疑或水泥出厂超过三个月（快硬硅酸盐水泥超过一个月）时，应进行复验，并按复验结果使用。钢筋混凝土结构、预应力混凝土结构中，严禁使用含氯化物的水泥。 | | 表 TX-1-B-9 |

表 TX-1-C-1（续）

| 序号 | 强制性条文内容 | 执行情况 | 相关资料 |
| --- | --- | --- | --- |
| 《混凝土结构工程施工质量验收规范》（GB 50204—2002）（2010 年版） | | | |
| 26 | 7.2.2　混凝土中掺用外加剂的质量及应用技术应符合现行国家标准《混凝土外加剂》GB 8076、《混凝土外加剂应用技术规范》GB 50119 等和有关环境保护的规定。<br>预应力混凝土结构中，严禁使用含氯化物的外加剂。钢筋混凝土结构中，当使用含氯化物的外加剂时，混凝土中氯化物的总含量应符合现行国家标准《混凝土质量控制标准》GB 50164 的规定。 | | 表 TX-1-B-9 |
| 27 | 8.2.1　现浇结构的外观质量不应有严重缺陷。<br>对已经出现的严重缺陷，应由施工单位提出技术处理方案，并经监理（建设）单位认可后进行处理。对经处理的部位，应重新检查验收。 | | |
| 28 | 8.3.1　现浇结构不应有影响结构性能和使用功能的尺寸偏差。混凝土设备基础不应有影响结构性能和设备安装的尺寸偏差。<br>对超过尺寸允许偏差且影响结构性能和安装、使用功能的部位，应由施工单位提出技术处理方案，并经监理（建设）单位认可后进行处理。对经处理的部位，应重新检查验收。 | | |
| 29 | 7.4.1　结构混凝土的强度等级必须符合设计要求。用于检查结构构件混凝土强度的试件，应在混凝土的浇筑地点随机抽取。取样与试件留置应符合下列规定：<br>1　每拌制 100 盘且不超过 100m$^3$ 的同配合比的混凝土，取样不得少于一次；<br>2　每工作班拌制的同一配合比的混凝土不足 100 盘时，取样不得少于一次；<br>3　当一次连续浇筑超过 1000m$^3$ 时，同一配合比的混凝土每 200m$^3$ 取样不得少于一次；<br>4　每一楼层、同一配合比的混凝土，取样不得少于一次；<br>5　每次取样应至少留置一组标准养护试件，同条件养护试件的留置组数应根据实际需要确定。 | | |
| 30 | 2.1.2　严禁使用对人体产生危害、对环境产生污染的外加剂。 | | |
| 31 | 7.2.2　亚硝酸盐、碳酸盐无机盐类的防冻剂严禁用于预应力混凝土结构。 | | |

表 TX-1-C-1（续）

| 序号 | 强制性条文内容 | 执行情况 | 相关资料 |
|---|---|---|---|
| 《混凝土外加剂应用技术规范》（GB 50119—2003） | | | |
| 32 | 6.2.3 下列结构中严禁采用含有氯盐配制的早强剂及早强减水剂：<br>1 预应力混凝土结构；<br>2 相对湿度大于 80%环境中使用的结构、处于水位变化部位的结构、露天结构及经常受雨淋、受水冲刷的结构；<br>3 大体积混凝土；<br>4 直接接触酸、碱或其他侵蚀性介质的结构；<br>5 经常处于温度为 60℃以上的结构，需经蒸养的钢筋混凝土预制构件；<br>6 有装饰要求的混凝土，特别是要求色彩一致的或是表面有金属装饰的混凝土；<br>7 使用冷拉钢筋或冷拔低碳钢丝的结构；<br>8 骨料具有碱活性的混凝土结构。 | | 表 TX-1-B-9 |
| 33 | 6.2.4 在下列混凝土结构中严禁采用含有强电解质无机盐类的早强剂及早强减水剂：<br>1 与镀锌钢材或铝铁相接触部位的结构，以及有外露钢筋预埋铁件而无防护措施的结构；<br>2 使用直流电源的结构以及距高压直流电源 100m 以内的结构。 | | |
| 《普通混凝土配合比设计规程》（JGJ 55—2011） | | | |
| 34 | 6.2.5 对耐久性有要求的混凝土应进行相关耐久性试验验证。 | | 表 TX-1-B-9 |
| 《普通混凝土用砂、石质量及检验方法标准》（JGJ 52—2006） | | | |
| 35 | 1.0.3 对长期处于潮湿环境的重要混凝土结构所用的砂、石应进行碱活性检验。 | | 表 TX-1-B-9 |
| 36 | 3.1.10 砂中氯离子含量应符合下列规定：<br>1 对钢筋混凝土用砂，其氯离子含量不得大于 0.06%（以干砂重的百分率计）；<br>2 对预应力混凝土用砂，其氯离子含量不得大于 0.02%（以干砂重的百分率计）。 | | |
| 《混凝土用水标准》（JGJ 63—2006） | | | |
| 37 | 3.1.7 未经处理的海水严禁用于钢筋混凝土和预应力混凝土。 | | 表 TX-1-B-9 |
| 《组合钢模板技术规范》（GB 50214—2001） | | | |
| 38 | 2.2.2 钢模板采用模数制设计，通用模板的宽度模数以 50mm 进级，长度模数以 150mm 进级（长度超过 900mm 时，以 300mm 进级）。 | | 表 TX-1-B-6 |

表 TX-1-C-1（续）

| 序号 | 强制性条文内容 | 执行情况 | 相关资料 |
|---|---|---|---|
| 《组合钢模板技术规范》（GB 50214—2001） | | | |
| 39 | 3.3.4 钢模板在工厂成批投产前和投产生产后都应进行荷载试验，检验模板的强度、刚度和焊接质量等综合性能，当模板的材质或生产工艺等有较大变动时，都应抽样进行荷载试验。荷载试验标准应符合表 3.3.4 的要求，荷载试验方法应符合 GB 50214—2001 附录 E 的要求，抽样方法应按 GB 50214—2001 附录 J 执行。 | | 表 TX-1-B-6 |
| 40 | 3.3.5 钢模板成品的质量检验，包括单件检验和组装检验，其质量标准应符合表 3.3.5-1 和表 3.3.5-2 的规定。 | | |
| 41 | 3.3.8 配件合格品应符合表 3.3.8 所示的要求，产品抽样方法应按 GB 50214—2001 附录 J 执行。 | | |
| 42 | 4.2.2 组成钢模板结构的钢模板、钢楞和支柱应采用组合荷载验算其刚度，其容许挠度应符合表 4.2.2 的规定。 | | |
| 43 | 4.4.1 模板的支承系统应根据模板的荷载和部件的刚度进行布置。内钢楞的配置方向应与钢模板的长度方向相垂直，直接承受钢模板传递的荷载，其间距应按荷载数值和钢模板的力学性能计算确定。外钢楞承受内钢楞传递的荷载，用以加强钢模板结构的整体刚度和调整平直度。 | | |
| 44 | 4.4.6 支撑系统应经过设计计算，保证具有足够的强度和稳定性。当支柱或其节间的长细比大于 110 时，应按临界荷载进行核算，安全系数可取 3～3.5。 | | |
| 45 | 5.2.6 拆除模板的时间必须按照现行国家标准《混凝土结构工程施工及验收规范》GB 50204 的有关规定办理。 | | |
| 《钢筋焊接及验收规程》（JGJ 18—2012） | | | |
| 46 | 3.0.6 施焊的各种钢筋、钢板均应有质量证明书；焊条、焊丝、氧气、溶解乙炔、液化石油气、二氧化碳气体、焊剂应有产品合格证。<br>钢筋进场时，应按国家现行相关标准的规定抽取试件并作力学性能和重量偏差检验，检验结果必须符合国家现行有关标准的规定。<br>检验数量：按进场的批次和产品的抽样检验方案确定。<br>检验方法：检查产品合格证、出厂检验报告和进场复验报告。 | | 表 TX-1-B-7 |
| 47 | 4.1.3 在钢筋工程焊接开工之前，参与该项工程施焊的焊工必须进行现场条件下的焊接工艺试验，应经试验合格后，方准于焊接生产。 | | |

表 TX-1-C-1（续）

| 序号 | 强制性条文内容 | 执行情况 | 相关资料 |
| --- | --- | --- | --- |
| 《钢筋焊接及验收规程》（JGJ 18—2012） | | | |
| 48 | 5.1.7 钢筋闪光对焊接头、电弧焊接头、电渣压力焊接头、气压焊接头、箍筋闪光对焊接头、预埋件钢筋T形接头的拉伸试验，应从每一检验批接头中随机切取三个接头进行试验并应按下列规定对试验结果进行评定：<br>1 符合下列条件之一，应评定该检验批接头拉伸试验合格：<br>1）3个试件均断于钢筋母材，呈延性断裂，其抗拉强度大于或等于钢筋母材抗拉强度标准值。<br>2）2个试件断于钢筋母材，呈延性断裂，其抗拉强度大于或等于钢筋母材抗拉强度标准值；另一试件断于焊缝，呈脆性断裂，其抗拉强度大于或等于钢筋母材抗拉强度标准值的1.0倍。<br>注：试件断于热影响区，呈延性断裂，应视作与断于钢筋母材等同；试件断于热影响区，呈脆性断裂，应视作与断于焊缝等同。<br>2 符合下列条件之一，应进行复验：<br>1）2个试件断于钢筋母材，呈延性断裂，其抗拉强度大于或等于钢筋母材抗拉强度标准值；另一试件断于焊缝，或热影响区，呈脆性断裂，其抗拉强度小于钢筋母材抗拉强度标准值的1.0倍。<br>2）1个试件断于钢筋母材，呈延性断裂，其抗拉强度大于或等于钢筋母材抗拉强度标准值；另2个试件断于焊缝或热影响区，呈脆性断裂。<br>3 3个试件均断于焊缝，呈脆性断裂，其抗拉强度均大于或等于钢筋母材抗拉强度标准值的1.0倍，应进行复验。当3个试件中有1个试件抗拉强度小于钢筋母材抗拉强度标准值的1.0倍，应评定该检验批接头拉伸试验不合格。<br>4 复验时，应切取6个试件进行试验。试验结果，若有4个或4个以上试件断于钢筋母材，呈延性断裂，其抗拉强度大于或等于钢筋母材抗拉强度标准值，另2个或2个以下试件断于焊缝，呈脆性断裂，其抗拉强度大于或等于钢筋母材抗拉强度标准值的1.0倍，应评定该检验批接头拉伸试验复验合格。<br>5 可焊接余热处理钢筋RRB400W焊接接头拉伸试验结果，其抗拉强度应符合同级别热轧带肋钢筋抗拉强度标准值540MPa的规定。<br>6 预埋件钢筋T形接头拉伸试验结果，3个试件的抗拉强度均大于或等于表5.1.7的规定值时，应评定该检验批接头拉伸试验合格。若有一个接头试件抗拉强度小于表5.1.7的规定值时，应进行复验。<br>复验时，应切取6个试件进行试验。复验结果，其抗拉强度均大于或等于表5.1.7的规定值时，应评定该检验批接头拉伸试验复验合格。 | | 表 TX-1-B-7 |

表 TX-1-C-1（续）

| 序号 | 强制性条文内容 | 执行情况 | 相关资料 |
| --- | --- | --- | --- |
| 《钢筋焊接及验收规程》（JGJ 18—2012） | | | |
| 49 | 5.1.8 钢筋闪光对焊接头、气压焊接头进行弯曲试验时，应从每一个检验批接头中随机切取3个接头，焊缝应处于弯曲中心点，弯心直径和弯曲角度应符合表5.1.8的规定。<br>弯曲试验结果应按下列规定进行评定：<br>1 当试验结果，弯曲至90°，有2个或3个试件外侧（含焊缝和热影响区）未发生宽度达到0.5mm的裂纹，应评定该检验批接头弯曲试验合格。<br>2 当有2个试件发生宽度达到0.5mm的裂纹，应进行复验。<br>3 当有3个试件发生宽度达到0.5mm的裂纹，应评定该检验批接头弯曲试验不合格。<br>4 复验时，应切取6个试件进行试验。复验结果，当不超过2个试件发生宽度达到0.5mm的裂纹时，应评定该检验批接头弯曲试验复验合格。 | | 表 TX-1-B-7 |
| 《钢筋机械连接通用技术规程》（JGJ 107—2010） | | | |
| 50 | 3.0.5 Ⅰ级、Ⅱ级、Ⅲ级接头的抗拉强度应符合表3.0.5的规定。 | | 表 TX-1-B-7 |
| 51 | 7.0.7 对接头的每一验收批，必须在工程结构中随机截取3个接头试件作抗拉强度试验，按设计要求的接头等级进行评定。当3个接头试件的抗拉强度均符合表3.0.5中相应等级的强度要求时，该验收批应评为合格。如有1个试件的抗拉强度不符合要求，应再取6个试件进行复检，复检中如仍有1个试件的抗拉强度不符合要求，则该验收批应评为不合格。 | | |
| 《冷轧带肋钢筋混凝土结构技术规程》（JGJ 95—2011） | | | |
| 52 | 3.1.2 冷轧带肋钢筋的强度标准值应具有不小于95%的保证率。<br>钢筋混凝土用冷轧带肋钢筋的强度标准值 $f_{yk}$ 应由抗拉屈服强度表示，并应按表3.1.2-1采用。预应力混凝土用冷轧带肋钢筋的强度标准值 $f_{ptk}$ 应由抗拉强度表示，并应按表3.1.2-2采用。 | | 表 TX-1-B-8 |
| 53 | 3.1.3 冷轧带肋钢筋的抗拉强度设计值 $f_y$ 及抗压强度设计值 $f'_y$ 应按表3.1.3-1、表3.1.3-2采用。 | | |

表 TX-1-C-1（续）

| 序号 | 强制性条文内容 | 执行情况 | 相关资料 |
|---|---|---|---|
| 《砌体工程施工质量验收规范》（GB 50203—2011） | | | |
| 54 | 4.0.1 水泥使用应符合下列规定：<br>1 水泥进场时应对其品种、等级、包装或散装仓号、出厂日期等进行检查，并应对其强度、安定性进行复验。其质量必须符合现行国家标准《通用硅酸盐水泥》GB 175的有关规定。<br>2 当在使用中对水泥质量有怀疑或水泥出厂超过三个月（快硬硅酸盐水泥超过一个月）时，应复查试验，并按复验结果使用。 | | 表 TX-1-B-5 |
| 55 | 5.2.1 砖和砂浆的强度等级必须符合设计要求。 | | |
| 56 | 5.2.3 砖砌体的转角处和交接处应同时砌筑，严禁无可靠措施的内外墙分砌施工。在抗震设防烈度为8度及8度以上地区，对不能同时砌筑而又必须留置的临时间断处应砌成斜槎，普通砖砌体斜槎水平投影长度不应小于高度的2/3，多孔砖砌体的斜槎长高比不应小于1/2。斜槎高度不得超过一步脚手架的高度。 | | |
| 57 | 10.0.4 冬期施工所用材料应符合下列规定：<br>1 石灰膏、电石膏等应防止受冻，如遭冻结，应经融化后使用；<br>2 拌制砂浆用砂，不得含有冰块和大于10mm的冻结块；<br>3 砌体用块体不得遭水浸冻。 | | |

| 施工单位项目总工：<br><br>年 月 日 | 项目总监（副总监）：<br><br>年 月 日 |
|---|---|

# 主体结构工程施工强制性条文执行检查表

表 TX-1-C-2 编号：

<table>
<tr><td colspan="2">单位工程名称</td><td></td><td>分部工程名称</td><td></td></tr>
<tr><td colspan="2">施工单位</td><td></td><td>项目经理</td><td></td></tr>
<tr><td>序号</td><td colspan="2">强制性条文内容</td><td>执行情况</td><td>相关资料</td></tr>
<tr><td colspan="5">《建筑工程施工质量验收统一标准》（GB 50300—2001）</td></tr>
<tr><td>1</td><td colspan="2">3.0.3 建筑工程施工质量应按下列要求进行验收：<br>1 建筑工程施工质量应符合本标准和相关专业验收规范的规定。<br>2 建筑工程施工应符合工程勘察、设计文件的要求。<br>3 参加工程施工质量验收的各方人员应具备规定的资格。<br>4 工程质量的验收均应在施工单位自行检查评定的基础上进行。<br>5 隐蔽工程在隐蔽前应由施工单位通知有关单位进行验收，并应形成验收文件。<br>6 涉及结构安全的试块、试件以及有关材料，应按规定进行见证取样检测。<br>7 检验批的质量应按主控项目和一般项目验收。<br>8 对涉及结构安全和使用功能的重要分部工程应进行抽样检测。<br>9 承担见证取样检测及有关结构安全检测的单位应具有相应资质。<br>10 工程的观感质量应由验收人员通过现场检查，并应共同确认。</td><td></td><td>表 TX-1-B-1</td></tr>
<tr><td colspan="5">《混凝土结构工程施工质量验收规范》（GB 50204—2002）（2010 年版）</td></tr>
<tr><td>2</td><td colspan="2">4.1.1 模板及其支架应根据工程结构形式、荷载大小、地基土类别、施工设备和材料供应等条件进行设计。模板及其支架应具有足够的承载能力、刚度和稳定性，能可靠地承受浇筑混凝土的重量、侧压力以及施工荷载。</td><td></td><td rowspan="2">表 TX-1-B-6</td></tr>
<tr><td>3</td><td colspan="2">4.1.3 模板及其支架拆除的顺序及安全措施应按施工技术方案执行。</td><td></td></tr>
</table>

表 TX-1-C-2（续）

| 序号 | 强制性条文内容 | 执行情况 | 相关资料 |
|---|---|---|---|
| 《混凝土结构工程施工规范》（GB 50666—2011） | | | |
| 4 | 5.1.3 当需要进行钢筋代换时，应办理设计变更文件。 | | 表 TX-1-B-7 |
| 5 | 5.2.2 对有抗震设防要求的结构，其纵向受力钢筋的性能应满足设计要求；当设计无具体要求时，对按一、二、三级抗震等级设计的框架和斜撑构件（含梯段）中的纵向受力钢筋应采用 HRB335E、HRB400E、HRB500E、HRBF335E、HRBF400E 或 HRBF500E 钢筋，其强度和最大力下总伸长率的实测值应符合下列规定：<br>1 钢筋的抗拉强度实测值与屈服强度实测值的比值不应小于 1.25；<br>2 钢筋的屈服强度实测值与屈服强度标准值的比值不应大于 1.30；<br>3 钢筋的最大力下总伸长率不应小于 9%。 | | |
| 《混凝土结构工程施工质量验收规范》（GB 50204—2002）（2010 年版） | | | |
| 6 | 7.2.1 水泥进场时应对其品种、级别、包装或散装仓号、出厂日期等进行检查，并应对其强度、安定性及其他必要的性能指标进行复验，其质量必须符合现行国家标准《硅酸盐水泥、普通硅酸盐水泥》GB 175 等的规定。<br>当在使用中对水泥质量有怀疑或水泥出厂超过三个月（快硬硅酸盐水泥超过一个月）时，应进行复验，并按复验结果使用。钢筋混凝土结构、预应力混凝土结构中，严禁使用含氯化物的水泥。 | | 表 TX-1-B-9 |
| 7 | 7.2.2 混凝土中掺用外加剂的质量及应用技术应符合现行国家标准《混凝土外加剂》GB 8076、《混凝土外加剂应用技术规范》GB 50119 等和有关环境保护的规定。<br>预应力混凝土结构中，严禁使用含氯化物的外加剂。钢筋混凝土结构中，当使用含氯化物的外加剂时，混凝土中氯化物的总含量应符合现行国家标准《混凝土质量控制标准》GB 50164 的规定。 | | |
| 8 | 8.2.1 现浇结构的外观质量不应有严重缺陷。对已经出现的严重缺陷，应由施工单位提出技术处理方案，并经监理（建设）单位认可后进行处理。对经处理的部位，应重新检查验收。 | | |

表 TX-1-C-2（续）

| 序号 | 强制性条文内容 | 执行情况 | 相关资料 |
|---|---|---|---|
| 《混凝土结构工程施工质量验收规范》（GB 50204—2002）（2010 年版） | | | |
| 9 | 8.3.1 现浇结构不应有影响结构性能和使用功能的尺寸偏差。混凝土设备基础不应有影响结构性能和设备安装的尺寸偏差。<br>对超过尺寸允许偏差且影响结构性能和安装、使用功能的部位，应由施工单位提出技术处理方案，并经监理（建设）单位认可后进行处理。对经处理的部位，应重新检查验收。 | | 表 TX-1-B-9 |
| 10 | 7.4.1 结构混凝土的强度等级必须符合设计要求。用于检查结构构件混凝土强度的试件，应在混凝土的浇筑地点随机抽取。取样与试件留置应符合下列规定：<br>1 每拌制 100 盘且不超过 100m$^3$ 的同配合比的混凝土，取样不得少于一次；<br>2 每工作班拌制的同一配合比的混凝土不足 100 盘时，取样不得少于一次；<br>3 当一次连续浇筑超过 1000m$^3$ 时，同一配合比的混凝土每 200m$^3$ 取样不得少于一次；<br>4 每一楼层、同一配合比的混凝土，取样不得少于一次；<br>5 每次取样应至少留置一组标准养护试件，同条件养护试件的留置组数应根据实际需要确定。 | | |
| 《混凝土外加剂应用技术规范》（GB 50119—2003） | | | |
| 11 | 2.1.2 严禁使用对人体产生危害、对环境产生污染的外加剂。 | | 表 TX-1-B-9 |
| 12 | 7.2.2 亚硝酸盐、碳酸盐无机盐类的防冻剂严禁用于预应力混凝土结构。 | | |
| 13 | 6.2.3 下列结构中严禁采用含有氯盐配制的早强剂及早强减水剂：<br>1 预应力混凝土结构；<br>2 相对湿度大于 80%环境中使用的结构、处于水位变化部位的结构、露天结构及经常受雨淋、受水冲刷的结构；<br>3 大体积混凝土；<br>4 直接接触酸、碱或其他侵蚀性介质的结构；<br>5 经常处于温度为 60℃以上的结构，需经蒸养的钢筋混凝土预制构件；<br>6 有装饰要求的混凝土，特别是要求色彩一致的或是表面有金属装饰的混凝土；<br>7 薄壁混凝土结构，中级和重级工作制吊车的梁、屋架、落锤及锻锤混凝土基础等结构；<br>8 使用冷拉钢筋或冷拔低碳钢丝的结构；<br>9 骨料具有碱活性的混凝土结构。 | | |

表 TX-1-C-2（续）

| 序号 | 强制性条文内容 | 执行情况 | 相关资料 |
| --- | --- | --- | --- |
| 《混凝土外加剂应用技术规范》（GB 50119—2003） | | | |
| 14 | 6.2.4　在下列混凝土结构中严禁采用含有强电解质无机盐类的早强剂及早强减水剂：<br>1　与镀锌钢材或铝铁相接触部位的结构，以及有外露钢筋预埋铁件而无防护措施的结构；<br>2　使用直流电源的结构以及距高压直流电源 100m 以内的结构。 | | 表 TX-1-B-9 |
| 《普通混凝土配合比设计规程》（JGJ 55—2011） | | | |
| 15 | 6.2.5　对耐久性有要求的混凝土应进行相关耐久性试验验证。 | | 表 TX-1-B-9 |
| 《普通混凝土用砂、石质量及检验方法标准》（JGJ 52—2006） | | | |
| 16 | 1.0.3　对长期处于潮湿环境的重要混凝土结构所用的砂、石应进行碱活性检验。 | | 表 TX-1-B-9 |
| 17 | 3.1.10　砂中氯离子含量应符合下列规定：<br>1　对钢筋混凝土用砂，其氯离子含量不得大于 0.06%（以干砂重的百分率计）；<br>2　对预应力混凝土用砂，其氯离子含量不得大于 0.02%（以干砂重的百分率计）。 | | |
| 《混凝土用水标准》（JGJ 63—2006） | | | |
| 18 | 3.1.7　未经处理的海水严禁用于钢筋混凝土和预应力混凝土。 | | 表 TX-1-B-9 |
| 《组合钢模板技术规范》（GB 50214—2001） | | | |
| 19 | 2.2.2　钢模板采用模数制设计，通用模板的宽度模数以 50mm 进级，长度模数以 150mm 进级（长度超过 900mm 时，以 300mm 进级）。 | | 表 TX-1-B-6 |
| 20 | 3.3.4　钢模板在工厂成批投产前和投产生产后都应进行荷载试验，检验模板的强度、刚度和焊接质量等综合性能，当模板的材质或生产工艺等有较大变动时，都应抽样进行荷载试验。荷载试验标准应符合表 3.3.4 的要求，荷载试验方法应符合 GB 50214—2001 附录 E 的要求，抽样方法应按 GB 50214—2001 附录 J 执行。 | | |
| 21 | 3.3.5　钢模板成品的质量检验，包括单件检验和组装检验，其质量标准应符合表 3.3.5-1 和表 3.3.5-2 的规定。 | | |

表 TX-1-C-2（续）

| 序号 | 强制性条文内容 | 执行情况 | 相关资料 |
| --- | --- | --- | --- |
| 《组合钢模板技术规范》（GB 50214—2001） | | | |
| 22 | 3.3.8　配件合格品应符合表 3.3.8 所示的要求，产品抽样方法应按 GB 50214—2001 附录 J 执行。 | | 表 TX-1-B-6 |
| 23 | 4.2.2　组成钢模板结构的钢模板、钢楞和支柱应采用组合荷载验算其刚度，其容许挠度应符合表 4.2.2 的规定。 | | |
| 24 | 4.4.1　模板的支撑系统应根据模板的荷载和部件的刚度进行布置。内钢楞的配置方向应与钢模板的长度方向相垂直，直接承受钢模板传递的荷载，其间距应按荷载数值和钢模板的力学性能计算确定。外钢楞承受内钢楞传递的荷载，用以加强钢模板结构的整体刚度和调整平直度。 | | |
| 25 | 4.4.6　支撑系统应经过设计计算，保证具有足够的强度和稳定性。当支柱或其节间的长细比大于 110 时，应按临界荷载进行核算，安全系数可取 3～3.5。 | | |
| 26 | 5.2.6　拆除模板的时间必须按照现行国家标准《混凝土结构工程施工及验收规范》GB 50204 的有关规定办理。 | | |
| 《钢筋焊接及验收规程》（JGJ 18—2012） | | | |
| 27 | 3.0.6　施焊的各种钢筋、钢板均应有质量证明书；焊条、焊丝、氧气、溶解乙炔、液化石油气、二氧化碳气体、焊剂应有产品合格证。<br>钢筋进场时，应按国家现行相关标准的规定抽取试件并作力学性能和重量偏差检验，检验结果必须符合国家现行有关标准的规定。<br>检验数量：按进场的批次和产品的抽样检验方案确定。<br>检验方法：检查产品合格证、出厂检验报告和进场复验报告。 | | 表 TX-1-B-7 |
| 28 | 4.1.3　在钢筋工程焊接开工之前，参与该项工程施焊的焊工必须进行现场条件下的焊接工艺试验，应经试验合格后，方准于焊接生产。 | | |

表 TX-1-C-2（续）

| 序号 | 强制性条文内容 | 执行情况 | 相关资料 |
|---|---|---|---|
| 《钢筋焊接及验收规程》（JGJ 18—2012） | | | |
| 29 | 5.1.7 钢筋闪光对焊接头、电弧焊接头、电渣压力焊接头、气压焊接头、箍筋闪光对焊接头、预埋件钢筋T形接头的拉伸试验，应从每一检验批接头中随机切取三个接头进行试验并应按下列规定对试验结果进行评定：<br>1 符合下列条件之一，应评定该检验批接头拉伸试验合格：<br>1）3个试件均断于钢筋母材，呈延性断裂，其抗拉强度大于或等于钢筋母材抗拉强度标准值。<br>2）2个试件断于钢筋母材，呈延性断裂，其抗拉强度大于或等于钢筋母材抗拉强度标准值；另一试件断于焊缝，呈脆性断裂，其抗拉强度大于或等于钢筋母材抗拉强度标准值的1.0倍。<br>注：试件断于热影响区，呈延性断裂，应视作与断于钢筋母材等同；试件断于热影响区，呈脆性断裂，应视作与断于焊缝等同。<br>2 符合下列条件之一，应进行复验：<br>1）2个试件断于钢筋母材，呈延性断裂，其抗拉强度大于或等于钢筋母材抗拉强度标准值；另一试件断于焊缝，或热影响区，呈脆性断裂，其抗拉强度小于钢筋母材抗拉强度标准值的1.0倍。<br>2）1个试件断于钢筋母材，呈延性断裂，其抗拉强度大于或等于钢筋母材抗拉强度标准值；另2个试件断于焊缝或热影响区，呈脆性断裂。<br>3 3个试件均断于焊缝，呈脆性断裂，其抗拉强度均大于或等于钢筋母材抗拉强度标准值的1.0倍，应进行复验。当3个试件中有1个试件抗拉强度小于钢筋母材抗拉强度标准值的1.0倍，应评定该检验批接头拉伸试验不合格。<br>4 复验时，应切取6个试件进行试验。试验结果，若有4个或4个以上试件断于钢筋母材，呈延性断裂，其抗拉强度大于或等于钢筋母材抗拉强度标准值，另2个或2个以下试件断于焊缝，呈脆性断裂，其抗拉强度大于或等于钢筋母材抗拉强度标准值的1.0倍，应评定该检验批接头拉伸试验复验合格。<br>5 可焊接余热处理钢筋RRB400W焊接接头拉伸试验结果，其抗拉强度应符合同级别热轧带肋钢筋抗拉强度标准值540MPa的规定。<br>6 预埋件钢筋T形接头拉伸试验结果，3个试件的抗拉强度均大于或等于表5.1.7的规定值时，应评定该检验批接头拉伸试验合格。若有一个接头试件抗拉强度小于表5.1.7的规定值时，应进行复验。<br>复验时，应切取6个试件进行试验。复验结果，其抗拉强度均大于或等于表5.1.7的规定值时，应评定该检验批接头拉伸试验复验合格。 | | 表 TX-1-B-7 |

表 TX-1-C-2（续）

| 序号 | 强制性条文内容 | 执行情况 | 相关资料 |
|---|---|---|---|
| 《钢筋焊接及验收规程》（JGJ 18—2012） | | | |
| 30 | 5.1.8 钢筋闪光对焊接头、气压焊接头进行弯曲试验时，应从每一个检验批接头中随机切取3个接头，焊缝应处于弯曲中心点，弯心直径和弯曲角度应符合表5.1.8的规定。<br>弯曲试验结果应按下列规定进行评定：<br>1 当试验结果，弯曲至90°，有2个或3个试件外侧（含焊缝和热影响区）未发生宽度达到0.5mm的裂纹，应评定该检验批接头弯曲试验合格。<br>2 当有2个试件发生宽度达到0.5mm的裂纹，应进行复验。<br>3 当有3个试件发生宽度达到0.5mm的裂纹，应评定该检验批接头弯曲试验不合格。<br>4 复验时，应切取6个试件进行试验。复验结果，当不超过2个试件发生宽度达到0.5mm的裂纹时，应评定该检验批接头弯曲试验复验合格。 | | 表TX-1-B-7 |
| 《钢筋机械连接通用技术规程》（JGJ 107—2010） | | | |
| 31 | 3.0.5 Ⅰ级、Ⅱ级、Ⅲ级接头的抗拉强度应符合表3.0.5的规定。 | | 表TX-1-B-7 |
| 32 | 7.0.7 对接头的每一验收批，必须在工程结构中随机截取3个接头试件作抗拉强度试验，按设计要求的接头等级进行评定。当3个接头试件的抗拉强度均符合表3.0.5中相应等级的强度要求时，该验收批应评为合格。如有1个试件的抗拉强度不符合要求，应再取6个试件进行复检，复检中如仍有1个试件的抗拉强度不符合要求，则该验收批应评为不合格。 | | |
| 《冷轧带肋钢筋混凝土结构技术规程》（JGJ 95—2011） | | | |
| 33 | 3.1.2 冷轧带肋钢筋的强度标准值应具有不小于95%的保证率。<br>钢筋混凝土用冷轧带肋钢筋的强度标准值$f_{yk}$应由抗拉屈服强度表示，并应按表3.1.2-1采用。预应力混凝土用冷轧带肋钢筋的强度标准值$f_{ptk}$应由抗拉强度表示，并应按表3.1.2-2采用。 | | 表TX-1-B-8 |
| 34 | 3.1.3 冷轧带肋钢筋的抗拉强度设计值$f_y$及抗压强度设计值$f_y'$应按表3.1.3-1、表3.1.3-2采用。 | | |

表 TX-1-C-2（续）

| 序号 | 强制性条文内容 | 执行情况 | 相关资料 |
| --- | --- | --- | --- |
| 《砌体工程施工质量验收规范》（GB 50203—2011） | | | |
| 35 | 4.0.1 水泥使用应符合下列规定：<br>1 水泥进场时应对其品种、等级、包装或散装包号、出厂日期等进行检查，并应对其强度、安定性进行复验。其质量必须符合现行国家标准《通用硅酸盐水泥》GB 175 的有关规定。<br>2 当在使用中对水泥质量有怀疑或水泥出厂超过三个月（快硬硅酸盐水泥超过一个月）时，应复查试验，并按复验结果使用。 | | 表 TX-1-B-5 |
| 36 | 5.2.1 砖和砂浆的强度等级必须符合设计要求。 | | |
| 37 | 5.2.3 砖砌体的转角处和交接处应同时砌筑，严禁无可靠措施的内外墙分砌施工。在抗震设防裂度为 8 度及 8 度以上地区，对不能同时砌筑而又必须留置的临时间断处应砌成斜槎，普通砖砌体斜槎水平投影长度不应小于高度的 2/3，多孔砖砌体的斜样长高比不应小于 1/2。斜槎高度不得超过一步脚手架的高度。 | | |
| 38 | 10.0.4 冬期施工所用材料应符合下列规定：<br>1 石灰膏、电石膏等应防止受冻，如遭冻结，应经融化后使用；<br>2 拌制砂浆用砂，不得含有冰块和大于 10mm 的冻结块；<br>3 砌体用块体不得遭水浸冻。 | | |
| 《钢结构工程施工质量验收规范》（GB 50205—2001） | | | |
| 39 | 10.3.4 单层钢结构主体结构的整体垂直度和整体平面弯曲的允许偏差应符合表 10.3.4 的规定。<br>检查数量：对主要立面全部检查。对每个所检查的立面，除两列角柱外，尚应至少选取一列中间柱。<br>检验方法：采用经纬仪、全站仪等测量。 | | 表 TX-1-B-12 |
| 40 | 11.3.5 多层及高层钢结构主体结构的整体垂直度和整体平面弯曲的允许偏差应符合表 11.3.5 的规定。<br>检查数量：对主要立面全部检查。对每个所检查的立面，除两列角柱外，尚应至少选取一列中间柱。<br>检验方法：对于整体垂直度，可采用激光经纬仪、全站仪测量，也可根据各节柱的垂直度允许偏差累计（代数和）计算。对于整体体平面弯曲，可按产生的允许偏差累计（代数和）计算。 | | |

**表 TX-1-C-2（续）**

<table>
<tr><th>序号</th><th>强制性条文内容</th><th>执行情况</th><th>相关资料</th></tr>
<tr><td colspan="4">《钢结构工程施工质量验收规范》（GB 50205—2001）</td></tr>
<tr><td>41</td><td>4.2.1　钢材、钢铸件的品种、规格、性能等应符合现行国家产品标准和设计要求。进口钢材产品的质量应符合设计和合同规定标准的要求。<br>检查数量：全数检查。<br>检验方法：检查质量合格证明文件、中文标志及检验报告等。</td><td></td><td>表 TX-1-B-10、<br>表 TX-1-B-11</td></tr>
<tr><td>42</td><td>4.3.1　焊接材料的品种、规格、性能等应符合现行国家产品标准和设计要求。<br>检查数量：全数检查。<br>检验方法：检查焊接材料的质量合格证明文件、中文标志及检验报告等。</td><td></td><td rowspan="2">表 TX-1-B-10</td></tr>
<tr><td>43</td><td>5.2.2　焊工必须经考试合格并取得合格证书。持证焊工必须在其考试合格项目及其认可范围内施焊。<br>检查数量：全数检查。<br>检验方法：检查焊工合格证及其认可范围、有效期。</td><td></td></tr>
<tr><td>44</td><td>5.2.4　设计要求全焊透的一、二级焊缝应采用超声波探伤进行内部缺陷的检验，超声波探伤不能对缺陷作出判断时，应采用射线探伤，其内部缺陷分级及探伤方法应符合现行国家标准《钢焊缝手工超声波探伤方法和探伤结果分级法》GB 11345 或《钢熔化焊对接接头射线照相和质量分级》GB 3323 的规定。<br>焊接球节点网架焊缝、螺栓球节点网架焊缝及圆管 T、K、Y 形节点相关线焊缝，其内部缺陷分级及探伤方法应分别符合国家现行标准《焊接节点钢网架焊缝超声波探伤方法及质量分级法》JBJ/T 3034.1、《螺栓球节点钢网架焊缝超声波探伤方法及质量分级法》JBJ/T 3034.2、《建筑钢结构焊接技术规程》JGJ 81 的规定。<br>一级、二级焊缝的质量等级及缺陷分级应符合表 5.2.4 的规定。</td><td></td><td>表 TX-1-B-10</td></tr>
</table>

表 TX-1-C-2（续）

<table>
<tr><th>序号</th><th>强制性条文内容</th><th>执行情况</th><th>相关资料</th></tr>
<tr><td colspan="4">《钢结构工程施工质量验收规范》（GB 50205—2001）</td></tr>
<tr><td>45</td><td>4.4.1 钢结构连接用高强度大六角头螺栓连接副、扭剪型高强度螺栓连接副、钢网架用高强度螺栓、普通螺栓、铆钉、自攻钉、拉铆钉、射钉、锚栓（机械型和化学试剂型）、地脚锚栓等紧固标准件及螺母、垫圈等标准配件，其品种、规格、性能等应符合现行国家产品标准和设计要求。高强度大六角头螺栓连接副和扭剪型高强度螺栓连接副出厂时应分别随箱带有扭矩系数和紧固轴力（预拉力）的检验报告。<br>检查数量：全数检查。<br>检验方法：检查产品的质量合格证明文件、中文标志及检验报告等。</td><td></td><td rowspan="2">表 TX-1-B-11</td></tr>
<tr><td>46</td><td>6.3.1 钢结构制作和安装单位应按本规范附录B 的规定分别进行高强度螺栓连接摩擦面的抗滑移系数试验和复验，现场处理的构件摩擦面应单独进行摩擦面抗滑移系数试验，其结果应符合设计要求。<br>检查数量：见本规范附录 B。<br>检验方法：检查摩擦面抗滑移系数试验报告和复验报告。</td><td></td></tr>
<tr><td>47</td><td>14.2.2 涂料、涂装遍数、涂层厚度均应符合设计要求。当设计对涂层厚度无要求时，涂层干漆膜总厚度：室外应为 150μm，室内应为 125μm，其允许偏差为−25μm。每遍涂层干漆膜厚度的允许偏差为−5μm。<br>检查数量：按钩件数抽查 10%，且同类构件不应少于 3 件。<br>检验方法：用干漆膜测厚仪检查。每个构件检测 5 处，每处的数值为 3 个相距 50mm 测点涂层干漆膜厚度的平均值。</td><td></td><td>表 TX-1-B-13</td></tr>
<tr><td colspan="4">《建筑钢结构焊接技术规程》（JGJ 81—2002）</td></tr>
<tr><td>48</td><td>3.0.1 建筑钢结构用钢材及焊接填充材料的选用应符合设计图的要求，并应具有钢厂和焊接材料厂出具的质量证明书或检验报告；其化学成分、力学性能和其他质量要求必须符合国家现行标准规定。当采用其他钢材和焊接材料替代设计选用的材料时，必须经原设计单位同意。</td><td></td><td rowspan="2">表 TX-1-B-10</td></tr>
<tr><td>49</td><td>4.4.2 严禁在调质钢上采用塞焊和槽焊焊缝。</td><td></td></tr>
</table>

TX-1-C-2（续）

| 序号 | 强制性条文内容 | 执行情况 | 相关资料 |
|---|---|---|---|
| 《建筑钢结构焊接技术规程》（JGJ 81—2002） | | | |
| 50 | 7.3.3 设计要求全焊透的焊缝，其内部缺陷的检验应符合下列要求：<br>1 一级焊缝应进行100%的检验，其合格等级应为现行国家标准《钢焊缝手工超声波探伤方法及质量分级法》（GB 11345）B级检验的II级及II级以上；<br>2 二级焊缝应进行抽检，抽检比例应不小于20%，其合格等级应为现行国家标准《钢焊缝手工超声波探伤方法及质量分级法》（GB 11345）B级检验的III级及III级以上。<br>3 全焊透的三级焊缝可不进行无损检测。 | | 表TX-1-B-10 |
| 51 | 5.1.1 凡符合以下情况之一者，应在钢结构构件制作及安装施工之前进行焊接工艺评定：<br>1 国内首次应用于钢结构工程的钢材（包括钢材牌号与标准相符但微合金强化元素的类别不同和供货状态不同，或国外钢号国内生产）；<br>2 国内首次应用于钢结构工程的焊接材料；<br>3 设计规定的钢材类别、焊接材料、焊接方法、接头形式、焊接位置、焊后热处理制度以及施工单位所采用的焊接工艺参数、预热后热措施等各种参数的组合条件为施工企业首次采用。 | | |
| 52 | 7.1.5 抽样检查的焊缝数如不合格率小于2%时，该批验收应定为合格；不合格率大于5%时，该批验收应定为不合格；不合格率为2%～5%时，应加倍抽检，且必须在原不合格部位两侧的焊缝延长线各增加一处，如在所有抽检焊缝中不合格率不大于3%时，该批验收应定为合格，大于3%时，该批验收应定为不合格。当批量验收不合格时，应对该批余下焊缝的全数进行检查。当检查出一处裂纹缺陷时，应加倍抽查，如在加倍抽检焊缝中未检查出其他裂纹缺陷时，该批验收应定为合格，当检查出多处裂纹缺陷或加倍抽查又发现裂纹缺陷时，应对该批余下焊缝的全数进行检查。 | | |
| 施工单位项目总工：<br><br>年 月 日 | | 项目总监（副总监）：<br><br>年 月 日 | |

# 屋面工程施工强制性条文执行检查表

表 TX-1-C-3　　　　编号：

| 单位工程名称 | | 分部工程名称 | |
|---|---|---|---|
| 施工单位 | | 项目经理 | |

| 序号 | 强制性条文内容 | 执行情况 | 相关资料 |
|---|---|---|---|
| 《建筑工程施工质量验收统一标准》（GB 50300—2001） | | | |
| 1 | 3.0.3 建筑工程施工质量应按下列要求进行验收：<br>1 建筑工程施工质量应符合本标准和相关专业验收规范的规定。<br>2 建筑工程施工应符合工程勘察、设计文件的要求。<br>3 参加工程施工质量验收的各方人员应具备规定的资格。<br>4 工程质量的验收均应在施工单位自行检查评定的基础上进行。<br>5 隐蔽工程在隐蔽前应由施工单位通知有关单位进行验收，并应形成验收文件。<br>6 涉及结构安全的试块、试件以及有关材料，应按规定进行见证取样检测。<br>7 检验批的质量应按主控项目和一般项目验收。<br>8 对涉及结构安全和使用功能的重要分部工程应进行抽样检测。<br>9 承担见证取样检测及有关结构安全检测的单位应具有相应资质。<br>10 工程的观感质量应由验收人员通过现场检查，并应共同确认。 | | 表 TX-1-B-1 |
| 《屋面工程质量验收规范》（GB 50207—2012） | | | |
| 2 | 3.0.6 屋面工程采用的防水、保温材料应有产品合格证书和性能检测报告，材料的品种、规格、性能等必须符合国家现行产品标准和设计要求。产品质量应由经过省级以上建设行政主管部门对其资质认可和质量技术监督部门对其计量认证的质量检测单位进行检测。 | | 表 TX-1-B-16 |
| 3 | 3.0.12 屋面防水工程完工后，应进行观感质量检查和雨后观察或淋水、蓄水试验，不得有渗漏或积水现象。 | | |
| 4 | 5.1.7 保温材料的导热系数、表观密度或干密度、抗压强度或压缩强度、燃烧性能，必须符合设计要求。 | | |

表 TX-1-C-3（续）

| 序号 | 强制性条文内容 | 执行情况 | 相关资料 |
| --- | --- | --- | --- |
| 《屋面工程技术规范》（GB 50345—2012） | | | |
| 5 | 4.5.1　卷材、涂膜屋面防水等级和防水做法应符合表 4.5.1 的规定。 | | 表 TX-1-B-16 |
| 6 | 4.5.5　每道卷材防水层最小厚度应符合表 4.5.5 的规定。 | | |
| 7 | 4.5.6　每道涂膜防水层最小厚度应符合表 4.5.6 的规定。 | | |
| 8 | 4.5.7　复合防水层最小厚度应符合表 4.5.7 的规定。 | | |
| 9 | 5.1.6　屋面工程施工必须符合下列安全规定：<br>1　严禁在雨天、雪天和五级风及其以上时施工；<br>2　屋面周边和预留孔洞部位，必须按临边、洞口防护规定设置安全护栏和安全网；<br>3　屋面坡度大于 30%时，应采取防滑措施；<br>4　施工人员应穿防滑鞋，特殊情况下无可靠安全措施时，操作人员必须系好安全带并扣好保险钩。 | | |
| 10 | 3.0.5　屋面工程应根据建筑物的类别、重要程度、使用功能要求确定防水等级，并应按相应等级进行防水设防；对防水有特殊要求的建筑屋面，应进行专项防水设计。屋面防水等级和设防要求应符合表 3.0.5 的要求。 | | |
| 施工单位项目总工：<br><br>年　月　日 | | 项目总监（副总监）：<br><br>年　月　日 | |

# 装饰装修工程施工强制性条文执行检查表

表 TX-1-C-4　　　　编号：

<table>
<tr><td>单位工程名称</td><td colspan="2"></td><td>分部工程名称</td><td></td></tr>
<tr><td>施工单位</td><td colspan="2"></td><td>项目经理</td><td></td></tr>
<tr><td>序号</td><td colspan="2">强制性条文内容</td><td>执行情况</td><td>相关资料</td></tr>
<tr><td colspan="5">《建筑工程施工质量验收统一标准》（GB 50300—2001）</td></tr>
<tr><td>1</td><td colspan="2">3.0.3　建筑工程施工质量应按下列要求进行验收：<br>1　建筑工程施工质量应符合本标准和相关专业验收规范的规定<br>2　建筑工程施工应符合工程勘察、设计文件的要求。<br>3　参加工程施工质量验收的各方人员应具备规定的资格。<br>4　工程质量的验收均应在施工单位自行检查评定的基础上进行。<br>5　隐蔽工程在隐蔽前应由施工单位通知有关单位进行验收，并应形成验收文件。<br>6　涉及结构安全的试块、试件以及有关材料，应按规定进行见证取样检测。<br>7　检验批的质量应按主控项目和一般项目验收。<br>8　对涉及结构安全和使用功能的重要分部工程应进行抽样检测。<br>9　承担见证取样检测及有关结构安全检测的单位应具有相应资质。<br>10　工程的观感质量应由验收人员通过现场检查，并应共同确认。</td><td></td><td>表 TX-1-B-1</td></tr>
<tr><td colspan="5">《建筑装饰装修工程质量验收规范》（GB 50210—2001）</td></tr>
<tr><td>2</td><td colspan="2">3.1.1　建筑装饰装修工程必须进行设计，并出具完整的施工图设计文件。</td><td></td><td rowspan="3">表 TX-1-B-14、<br>表 TX-1-B-15</td></tr>
<tr><td>3</td><td colspan="2">3.1.5　建筑装饰装修工程设计必须保证建筑物的结构安全和主要使用功能。当涉及主体和承重结构改动或增加荷载时，必须由原结构设计单位或具备相应资质的设计单位核查有关原始资料，对既有建筑结构的安全性进行核验、确认。</td><td></td></tr>
<tr><td>4</td><td colspan="2">3.2.3　建筑装饰装修工程所用材料应符合国家有关建筑装饰装修材料有害物质限量标准的规定。</td><td></td></tr>
</table>

表 TX-1-C-4（续）

<table>
<tr><th>序号</th><th>强制性条文内容</th><th>执行情况</th><th>相关资料</th></tr>
<tr><td colspan="4">《建筑装饰装修工程质量验收规范》（GB 50210—2001）</td></tr>
<tr><td>5</td><td>3.3.4 建筑装饰装修工程施工中，严禁违反设计文件擅自改动建筑主体、承重结构或主要使用功能；严禁未经设计确认和有关部门批准擅自拆改水、暖、电、燃气、通讯等配套设施。</td><td></td><td rowspan="3">表 TX-1-B-14、<br>表 TX-1-B-15</td></tr>
<tr><td>6</td><td>3.3.5 施工单位应遵守有关环境保护的法律法规，并应采取有效措施控制施工现场的各种粉尘、废气、废弃物、噪声、振动等对周围环境造成的污染和危害。</td><td></td></tr>
<tr><td>7</td><td>4.1.12 外墙和顶棚的抹灰层与基层之间及各抹灰层之间必须粘结牢固。</td><td></td></tr>
<tr><td>8</td><td>3.2.9 建筑装饰装修工程所使用的材料应按设计要求进行防火、防腐和防虫处理。</td><td></td><td>表 TX-1-B-15</td></tr>
<tr><td>9</td><td>5.1.11 建筑外门窗的安装必须牢固。在砌体上安装门窗严禁用射钉固定。</td><td></td><td>表 TX-1-B-15</td></tr>
<tr><td colspan="4">《建筑玻璃应用技术规程》（JGJ 113—2009）</td></tr>
<tr><td>10</td><td>8.2.2 屋面玻璃必须使用安全玻璃。当屋面最高点距地面的高度大于 3m 时，必须使用夹层玻璃。用于屋面的夹层玻璃，其胶片厚度不应小于 0.76mm。</td><td></td><td rowspan="2">表 TX-1-B-15</td></tr>
<tr><td>11</td><td>9.1.2 地板玻璃必须使用夹层玻璃。点支撑地板玻璃必须使用钢化夹层玻璃。钢化玻璃应进行匀质处理。</td><td></td></tr>
<tr><td colspan="4">《建筑工程施工质量验收统一标准》（GB 50300—2001）</td></tr>
<tr><td>12</td><td>5.0.7 通过返修或加固处理仍不能满足安全使用要求的分部工程、单位（子单位）工程，严禁验收。</td><td></td><td>表 TX-1-B-1</td></tr>
<tr><td colspan="2">施工单位项目总工：<br><br>年 月 日</td><td colspan="2">项目总监（副总监）：<br><br>年 月 日</td></tr>
</table>

# 给排水与采暖工程施工强制性条文执行检查表

表 TX-1-C-5　　　　编号：

| 单位工程名称 | | 分部工程名称 | |
|---|---|---|---|
| 施工单位 | | 项目经理 | |

| 序号 | 强制性条文内容 | 执行情况 | 相关资料 |
|---|---|---|---|
| 《建筑工程施工质量验收统一标准》（GB 50300—2001） | | | |
| 1 | 3.0.3 建筑工程施工质量应按下列要求进行验收：<br>1 建筑工程施工质量应符合本标准和相关专业验收规范的规定。<br>2 建筑工程施工应符合工程勘察、设计文件的要求。<br>3 参加工程施工质量验收的各方人员应具备规定的资格。<br>4 工程质量的验收均应在施工单位自行检查评定的基础上进行。<br>5 隐蔽工程在隐蔽前应由施工单位通知有关单位进行验收，并应形成验收文件。<br>6 涉及结构安全的试块、试件以及有关材料，应按规定进行见证取样检测。<br>7 检验批的质量应按主控项目和一般项目验收。<br>8 对涉及结构安全和使用功能的重要分部工程应进行抽样检测。<br>9 承担见证取样检测及有关结构安全检测的单位应具有相应资质。<br>10 工程的观感质量应由验收人员通过现场检查，并应共同确认。 | | 表 TX-1-B-1 |

表 TX-1-C-5（续）

| 序号 | 强制性条文内容 | 执行情况 | 相关资料 |
| --- | --- | --- | --- |
| 《建筑给水排水及采暖工程施工质量验收规范》（GB 50242—2002） | | | |
| 2 | 3.3.3　地下室或地下构筑物外墙有管道穿过的，应采取防水措施。对有严格防水要求的建筑物，必须采用柔性防水套管。 | | 表 TX-1-B-17 |
| 3 | 3.3.16　各种承压管道系统和设备应做水压试验，非承压管道系统和设备应做灌水试验。 | | |
| 4 | 4.1.2　给水管道必须采用与管材相适应的管件。生活给水系统所涉及的材料必须达到饮用水卫生标准。 | | |
| 5 | 4.3.1　室内消火栓系统安装完成后应取屋顶层（或水箱间内）试验消火栓和首层取二处消火栓做试射试验，达到设计要求为合格。<br>检验方法：实地试射检查。 | | |
| 《建筑工程施工质量验收统一标准》（GB 50300—2001） | | | |
| 6 | 5.0.7　通过返修或加固处理仍不能满足安全使用要求的分部工程、单位（子单位）工程，严禁验收。 | | 表 TX-1-B-1 |
| 施工单位项目总工：<br><br>年　月　日 | | 项目总监（副总监）：<br><br>年　月　日 | |

# 通风与空调工程施工强制性条文执行检查表

表 TX-1-C-6　　　　编号：

| 单位工程名称 | | 分部工程名称 | |
|---|---|---|---|
| 施工单位 | | 项目经理 | |
| 序号 | 强制性条文内容 | 执行情况 | 相关资料 |
| 《建筑工程施工质量验收统一标准》（GB 50300—2001） | | | |
| 1 | 3.0.3　建筑工程施工质量应按下列要求进行验收：<br>1　建筑工程施工质量应符合本标准和相关专业验收规范的规定。<br>2　建筑工程施工应符合工程勘察、设计文件的要求。<br>3　参加工程施工质量验收的各方人员应具备规定的资格。<br>4　工程质量的验收均应在施工单位自行检查评定的基础上进行。<br>5　隐蔽工程在隐蔽前应由施工单位通知有关单位进行验收，并应形成验收文件。<br>6　涉及结构安全的试块、试件以及有关材料，应按规定进行见证取样检测。<br>7　检验批的质量应按主控项目和一般项目验收。<br>8　对涉及结构安全和使用功能的重要分部工程应进行抽样检测。<br>9　承担见证取样检测及有关结构安全检测的单位应具有相应资质。<br>10 工程的观感质量应由验收人员通过现场检查，并应共同确认。 | | 表 TX-1-B-1 |

表 TX-1-C-6（续）

| 序号 | 强制性条文内容 | 执行情况 | 相关资料 |
| --- | --- | --- | --- |
| 《通风与空调工程施工质量验收规范》（GB 50243—2002） | | | |
| 2 | 4.2.3 防火风管的本体、框架与固定材料、密封垫料必须为不燃材料，其耐火等级应符合设计的规定。<br>检查数量：按材料与风管加工批数量抽查10%，不应少于5 件。<br>检查方法：查验材料质量合格证明文件、性能检测报告，观察检查与点燃试验。 | | 表 TX-1-B-19 |
| 3 | 4.2.4 复合材料风管的覆面材料必须为不燃材料，内部的绝热材料应为不燃或难燃 B1 级，且对人体无害的材料。<br>检查数量：按材料与风管加工批数量抽查10%，不应少于5 件。<br>检查方法：查验材料质量合格证明文件、性能检测报告，观察检查与点燃试验。 | | |
| 4 | 5.2.4 防爆风阀的制作材料必须符合设计规定，不得自行替换。<br>检查数量：全数检查。<br>检查方法：核对材料品种、规格，观察检查。 | | |
| 5 | 5.2.7 防、排烟系统柔性短管的制作材料必须为不燃材料。<br>检查数量：全数检查。<br>检查方法：核对材料品种的合格证明文件。 | | |
| 6 | 6.2.1 在风管穿过需要封闭的防火、防爆的墙体或楼板时，应设预埋管或防护套管，其钢板厚度不应小于 1.6mm。风管与防护套管之间，应用不燃且对人体无危害的柔性材料封堵。<br>检查数量：按数量抽查 20%，不得少于 1 个系统。<br>检查方法：尺量、观察检查。 | | |
| 7 | 6.2.2 风管安装必须符合下列规定：<br>1 风管内严禁其他管线穿越；<br>2 输送含有易燃、易爆气体或安装在易燃、易爆环境的风管系统应有良好的接地，通过生活区或其他辅助生产房间时必须严密，并不得设置接口；<br>3 室外立管的固定拉索严禁拉在避雷针或避雷网上。<br>检查数量：按数量抽查 20%，不得少于 1 个系统。<br>检查方法：手扳、尺量、观察检查。 | | |
| 8 | 7.2.2 通风机传动装置的外露部位以及直通大气的进、出口，必须装设防护罩（网）或采取其他安全设施。<br>检查数量：全数检查。<br>检查方法：依据设计图核对、观察检查。 | | |

**表 TX-1-C-6（续）**

| 序号 | 强制性条文内容 | 执行情况 | 相关资料 |
|---|---|---|---|
| 《通风与空调工程施工质量验收规范》（GB 50243—2002） | | | |
| 9 | 7.2.8　电加热器的安装必须符合下列规定：<br>1　电加热器与钢构架间的绝缘层必须为不燃材料，接线柱外漏的应加设安全防护罩。<br>2　电加热器的金属外壳接地必须良好。<br>3　连接电加热器的风管的法兰垫片，应采用耐热不燃材料。<br>检查数量：按总数抽查20%，不得少于1台。<br>检查方法：核对材料、观察检查或电阻测定。 | | 表 TX-1-B-19 |
| 10 | 11.2.1　通风与空调工程安装完毕，必须进行系统的测定和调整（简称调试）。系统调试应包括下列项目：<br>1　设备单机试运转及调试；<br>2　系统无生产负荷下的联合试运转及调试。<br>检查数量：全数。<br>检查方法：观察、旁站、查阅调试记录。 | | |
| 11 | 11.2.4　防排烟系统联合试运行与调试的结果（风量及正压），必须符合设计与消防的规定。<br>检查数量：按总数抽查10%，且不得少于2个楼层。<br>检查方法：观察、旁站、查阅调试记录。 | | |
| 《建筑工程施工质量验收统一标准》（GB 50300—2001） | | | |
| 12 | 5.0.7　通过返修或加固处理仍不能满足安全使用要求的分部工程、单位（子单位）工程，严禁验收。 | | 表 TX-1-B-1 |
| 施工单位项目总工：<br><br>年　月　日 | | 项目总监（副总监）：<br><br>年　月　日 | |

# 建筑电气工程施工强制性条文执行检查表

表 TX-1-C-7　　编号：

| 单位工程名称 | | | 分部工程名称 | |
|---|---|---|---|---|
| 施工单位 | | | 项目经理 | |
| 序号 | 强制性条文内容 | | 执行情况 | 相关资料 |
| 《建筑工程施工质量验收统一标准》（GB 50300—2001） | | | | |
| 1 | 3.0.3 建筑工程施工质量应按下列要求进行验收：<br>1 建筑工程施工质量应符合本标准和相关专业验收规范的规定<br>2 建筑工程施工应符合工程勘察、设计文件的要求。<br>3 参加工程施工质量验收的各方人员应具备规定的资格。<br>4 工程质量的验收均应在施工单位自行检查评定的基础上进行。<br>5 隐蔽工程在隐蔽前应由施工单位通知有关单位进行验收，并应形成验收文件。<br>6 涉及结构安全的试块、试件以及有关材料，应按规定进行见证取样检测。<br>7 检验批的质量应按主控项目和一般项目验收。<br>8 对涉及结构安全和使用功能的重要分部工程应进行抽样检测。<br>9 承担见证取样检测及有关结构安全检测的单位应具有相应资质。<br>10 工程的观感质量应由验收人员通过现场检查，并应共同确认。 | | | 表 TX-1-B-1 |

表 TX-1-C-7（续）

| 序号 | 强制性条文内容 | 执行情况 | 相关资料 |
|---|---|---|---|
| 《建筑电气工程施工质量验收规范》（GB 50303—2002） | | | |
| 2 | 3.1.7 接地（PE）或接零（PEN）支线必须单独与接地（PE）或接零（PEN）干线相连接，不得串联连接。 | | 表 TX-1-B-18 |
| 3 | 7.1.1 电动机、电加热器及电动执行机构的可接近裸露导体必须接地（PE）或接零（PEN）。 | | |
| 4 | 12.1.1 金属电缆桥架及其支架和引入或引出的金属电缆导管必须接地（PE）或接零（PEN）可靠，且必须符合下列规定：<br>1 金属电缆桥架及其支架全长应不少于 2 处与接地（PE）或接零（PEN）干线相连接；<br>2 非镀锌电缆桥架间连接板的两端跨接铜芯接地线，接地线最小允许截面积不小于 $4mm^2$；<br>3 镀锌电缆桥架间连接板的两端不跨接接地线，但连接板两端不少于 2 个有防松螺帽或防松垫圈的连接固定螺栓。 | | |
| 5 | 13.1.1 金属电缆支架、电缆导管必须接地（PE）或接零（PEN）可靠。 | | |
| 6 | 14.1.2 金属导管严禁对口熔焊连接；镀锌和壁厚小于等于 2mm 的钢导管不得套管熔焊连接。 | | |
| 7 | 15.1.1 三相或单相的交流单芯电缆，不得单独穿于钢导管内。 | | |
| 8 | 19.1.6 当灯具距地面高度小于 2.4m 时，灯具的可接近裸露导体必须接地（PE）或接零（PEN）可靠，并应有专用接地螺栓，且有标识。 | | |
| 9 | 22.1.2 插座接线应符合下列规定：<br>1 单相两孔插座，面对插座的右孔或上孔与相线连接，左孔或下孔与零线连接；单相三孔插座，面对插座的右孔与相线连接，左孔与零线连接。<br>2 单相三孔、三相四孔及三相五孔插座的接地（PE）或接零（PEN）线接在上孔。插座的接地端子不与零线端子连接。同一场所的三相插座，接线的相序一致。<br>3 接地（PE）或接零（PEN）线在插座间不串联连接。 | | |
| 10 | 24.1.2 测试接地装置的接地电阻值必须符合设计要求。 | | |
| 《建筑工程施工质量验收统一标准》（GB 50300—2001） | | | |
| 11 | 5.0.7 通过返修或加固处理仍不能满足安全使用要求的分部工程、单位（子单位）工程，严禁验收。 | | 表 TX-1-B-1 |
| 施工单位项目总工：<br><br>年 月 日 | | 项目总监（副总监）：<br><br>年 月 日 | |

# 土 建 工 程

## 强制性条文执行汇总表

# 土建工程施工强制性条文执行汇总表

表 TX-1-D　　　　　　　　　　　　　　　　　　　　　　　　编号：

<table>
<tr><td>单位工程<br>名称</td><td colspan="5"></td></tr>
<tr><td>序号</td><td>检查项目</td><td colspan="3">执行情况</td><td>验收结论</td></tr>
<tr><td rowspan="6">1</td><td>分部工程名称</td><td>应执行</td><td>已执行</td><td>记录份数</td><td rowspan="6"></td></tr>
<tr><td></td><td></td><td></td><td></td></tr>
<tr><td></td><td></td><td></td><td></td></tr>
<tr><td></td><td></td><td></td><td></td></tr>
<tr><td></td><td></td><td></td><td></td></tr>
<tr><td></td><td></td><td></td><td></td></tr>
<tr><td>2</td><td>单位（子单位）工程已按合同、设计文件及规程、规范、标准要求施工完毕并经验收合格</td><td colspan="3">共　分部，符合要求　分部，应验收　项　已验收　项，合格　项</td><td></td></tr>
<tr><td>3</td><td>参加工程施工质量验收的各方人员应具备规定的资格</td><td colspan="3">质检员证号：<br>监理人员资质证号：</td><td></td></tr>
<tr><td>4</td><td>质量控制资料完整，隐蔽工程验收文件齐全、有效</td><td colspan="3">共　项　份，签证齐全</td><td></td></tr>
<tr><td>5</td><td>工程验收程序符合要求</td><td colspan="3">各单位验收报告资料齐全</td><td></td></tr>
<tr><td>6</td><td>安全和功能的检测</td><td colspan="3">抽样检测合格，资料完整</td><td></td></tr>
<tr><td>7</td><td>涉及结构安全的试块、试件以及有关材料检测</td><td colspan="3">试块（件）及原材料有见证取样记录，取样数量符合要求，实验室资质证书齐全有效</td><td></td></tr>
<tr><td>8</td><td>观感质量验收应符合要求</td><td colspan="3">有单位工程观感验收记录，签字齐全，合格</td><td></td></tr>
<tr><td>核查<br>意见</td><td>施工单位<br>项目经理：<br>年　月　日</td><td colspan="2">监理单位<br>总监理工程师：<br>年　月　日</td><td colspan="2">建设单位<br>技术负责人：<br>年　月　日</td></tr>
</table>

第二部分

# 机务工程

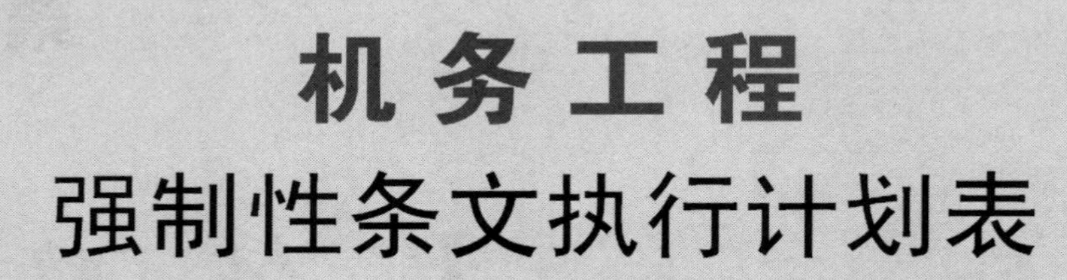
机 务 工 程
强制性条文执行计划表

# 机务工程强制性条文执行计划表

表 TX-2-A

| 工程编号 | | | 工程名称 | 责任单位 | | | 强制性条文执行表号 |
|---|---|---|---|---|---|---|---|
| 单位工程 | 分部工程 | 分项工程 | | 施工单位 | 监理单位 | 建设单位 | |
| 1 | | | 氨系统 | ○ | ○ | ● | 表 TX-2-D |
| | 1 | | 卸氨系统 | | | | 表 TX-2-C-1 |
| | | 1 | 卸氨压缩机安装 | | | | |
| | | 2 | 液氨储罐（卧式）的安装 | | | | 表 TX-2-B-1～表 TX-2-B-4 |
| | 2 | | 氨蒸发系统 | | | | |
| | | 1 | 氨蒸发器的安装 | | | | 表 TX-2-B-1～表 TX-2-B-4 |
| | | 2 | 气氨缓冲罐 | | | | 表 TX-2-B-1～表 TX-2-B-4 |
| | 3 | | 氨站附属设备 | | | | 表 TX-2-C-1 |
| | | 1 | 弃氨洗涤吸收罐的安装 | | | | 表 TX-2-B-1～表 TX-2-B-4 |
| | | 2 | 氨气储存罐的安装 | | | | 表 TX-2-B-1～表 TX-2-B-4 |
| | | 3 | 冷凝水扩充器 | | | | |
| | | 4 | 液氨泵安装 | | | | |
| | | 5 | 疏水泵安装 | | | | |
| | | 6 | 废水输送泵安装 | | | | |
| | | 7 | 风向标安装 | | | | |
| | | 8 | 淋浴洗眼器安装 | | | | |
| | | 9 | 氨气汇流排安装 | | | | |
| | | 10 | 降温喷淋安装 | | | | |
| | 4 | | 管道安装 | ○ | ● | ○ | 表 TX-2-C-1 |
| | | 1 | 氨管道安装 | ● | ○ | ○ | 表 TX-2-B-1～表 TX-2-B-4 |
| | | 2 | 其他管道 | ● | ○ | ○ | 表 TX-2-B-1～表 TX-2-B-4 |
| 2 | | | SCR 系统 | | | | |
| | 1 | | SCR 反应器安装 | | | | |
| | | 1 | SCR 反应器、催化剂安装 | | | | |
| | 2 | | SCR 反应器附属设备安装 | | | | |
| | | 1 | 稀释风机安装 | | | | |
| | | 2 | 稀释空气加热器安装 | | | | |
| | | 3 | 氨气/空气混合器安装 | | | | |
| | | 4 | 循环取样风机安装 | | | | |
| | 3 | | 烟道安装 | | | | |
| | | 1 | 烟道制作、安装 | | | | |
| | | 2 | 挡板门、补偿器安装 | | | | |
| | | 3 | 氨/烟混合整流装置安装 | | | | |

表 TX-2-A（续）

| 单位工程 | 分部工程 | 分项工程 | 工程名称 | 施工单位 | 监理单位 | 建设单位 | 强制性条文执行表号 |
|---|---|---|---|---|---|---|---|
| 2 | 4 | | 汽水管道吹灰器安装 | | | | |
| | | 1 | 吹灰器安装 | | | | |
| | | 2 | 蒸汽管道安装 | | | | |
| | 5 | | 起重设备安装 | | | | |
| | | 1 | 电动葫芦安装 | | | | |
| 3 | | | 压缩空气系统 | ○ | ○ | ● | 表 TX-2-D |
| | 1 | | 杂用压缩空气系统 | ○ | ● | ○ | 表 TX-2-C-2 |
| | | 1 | 杂用空气压缩机安装 | ● | ○ | ○ | 表 TX-2-B-3、表 TX-2-B-5～表 TX-2-B-9、表 TX-2-B-11 |
| | 2 | | 仪用压缩空气系统 | ○ | ● | ○ | 表 TX-2-C-2 |
| | | 1 | 仪用空气压缩机安装 | ● | ○ | ○ | 表 TX-2-B-3、表 TX-2-B-5～表 TX-2-B-9、表 TX-2-B-11 |
| | | 2 | 仪用压缩空气罐安装（气氨缓冲罐安装） | | | | |
| | | 3 | 仪用压缩空气管道安装 | | | | |
| 4 | | | 焊接 | ○ | ○ | ● | 表 TX-2-D |
| | 1 | | 钢结构焊接 | ○ | ● | ○ | 表 TX-2-C-4 |
| | | 1 | 管道 | ● | ○ | ○ | 表 TX-2-B-12 |
| | | 2 | 结构 | ● | ○ | ○ | 表 TX-2-B-12 |
| | | 3 | 板材 | ● | ○ | ○ | 表 TX-2-B-12 |
| | 2 | | 保温 | | | | |
| | | 1 | 设备保温 | | | | |
| | | 2 | 管道保温 | | | | |
| | 3 | | 油漆 | ○ | ● | ○ | 表 TX-2-C-3 |
| | | 1 | 管道油漆 | ● | ○ | ○ | 表 TX-2-B-10 |
| | | 2 | 结构油漆 | | | | |
| | | 3 | 设备油漆 | | | | |

注：1．●为该项强制性条文执行的责任主体单位。

2．○为该项强制性条文相关责任单位。

# 机务工程

## 强制性条文执行记录表

# 压力容器检验强制性条文执行记录表

表 TX-2-B-1　　　　编号：

<table>
<tr><td>单位工程名称</td><td colspan="3"></td></tr>
<tr><td>分部工程名称</td><td></td><td>检查项目</td><td></td></tr>
<tr><td>施工单位</td><td></td><td>项目经理</td><td></td></tr>
<tr><td>强制性条文内容</td><td>执行要素</td><td>执行情况</td><td>相关资料</td></tr>
<tr><td colspan="4">《火力发电厂职业卫生设计规程》(DL 5454—2012)</td></tr>
<tr><td rowspan="2">6.3.2　产生有毒物质场所的防护设施设计：<br>4 联氨应采用单独密闭容器储存，设备周围应有围堰和冲洗设施。</td><td>联氨采用单独密闭容器储存</td><td>联氨采用单独密闭容器储存□</td><td>质量证明书<br>编号：</td></tr>
<tr><td>设备周围有围堰和冲洗设施</td><td>设备周围有围堰和冲洗设施□</td><td>设计图纸<br>编号：</td></tr>
<tr><td colspan="4">《电力工业锅炉压力容器监察规程》(DL 612—1996)</td></tr>
<tr><td rowspan="4">4.1　锅炉、压力容器及管道的设计、制造、安装、调试、修理改造、检验和化学清洗单位按国家或部颁有关规定，实施资格许可证制度。<br>从事锅炉、压力容器和管道的运行操作、检验、焊接、焊后热处理、无损检测人员，应取得相应的资格证书。<br>单位和个人的资格审查、考核发证，按部颁或劳动部有关规定执行。</td><td>设计单位资质</td><td>符合部颁或劳动部有关规定□</td><td>设计单位资格证书<br>编号：</td></tr>
<tr><td>制造单位资质</td><td>符合部颁或劳动部有关规定□</td><td>制造单位资格证书<br>编号：</td></tr>
<tr><td>安装单位资质</td><td>符合部颁或劳动部有关规定□</td><td>安装单位资格证书<br>编号：</td></tr>
<tr><td>调试单位资质</td><td>符合部颁或劳动部有关规定□</td><td>调试单位资格证书<br>编号：</td></tr>
</table>

**表 TX-2-B-1（续）**

| 强制性条文内容 | 执行要素 | 执行情况 | 相关资料 |
| --- | --- | --- | --- |
| 《电力工业锅炉压力容器监察规程》（DL 612—1996） | | | |
| 4.1　锅炉、压力容器及管道的设计、制造、安装、调试、修理改造、检验和化学清洗单位按国家或部颁有关规定，实施资格许可证制度。<br>从事锅炉、压力容器和管道的运行操作、检验、焊接、焊后热处理、无损检测人员，应取得相应的资格证书。<br>单位和个人的资格审查、考核发证，按部颁或劳动部有关规定执行。 | 修理改造单位资质 | 符合部颁或劳动部有关规定□ | 修理改造单位资格证书编号： |
| | 检验单位资质 | 符合部颁或劳动部有关规定□ | 检验单位资格证书编号： |
| | 化学清洗单位资质 | 符合部颁或劳动部有关规定□ | 化学清洗单位资格证书编号： |
| | 运行操作人员资格 | 本工程共有运行操作人员____人，并取得相应的资格证□ | 运行操作人员清单：资格证书 |
| | 检验人员资格 | 本工程共有检验人员____人，并取得相应的资格证□ | 检验人员清单：资格证书 |
| | 焊接人员资格 | 本工程共有焊接人员____人，并取得相应的资格证□ | 焊接人员清单：资格证书 |
| | 热处理人员资格 | 本工程共有焊后热处理人员__人，并取得相应的资格证□ | 热处理人员清单：资格证书 |
| | 无损检测人员资格 | 本工程共有无损检测人员____人，并取得相应的资格证□ | 无损检测人员清单：资格证书 |
| 施工单位项目质检员：<br><br>年　月　日 | | 专业监理工程师：<br><br>年　月　日 | |
| 注：符合要求，请在□内划√，不符合划×，不涉及划/。 | | | |

# 金属材料质量证明强制性条文执行记录表

表 TX-2-B-2　　　　　　　　　　　　　　　　　　　　　　　　编号：

<table>
<tr><td>单位工程名称</td><td colspan="4"></td></tr>
<tr><td>分部工程名称</td><td colspan="2"></td><td>检查项目</td><td></td></tr>
<tr><td>施工单位</td><td colspan="2"></td><td>项目经理</td><td></td></tr>
<tr><td>强制性条文内容</td><td colspan="2">执行要素</td><td>执行情况</td><td>相关资料</td></tr>
<tr><td colspan="5">《电力工业锅炉压力容器监察规程》（DL 612—1996）</td></tr>
<tr><td rowspan="3">7.2 锅炉、压力容器及管道使用的金属材料质量应符合标准，有质量证明书。使用的进口材料除有质量证明书外，尚需有商检合格的文件。<br>质量证明书中有缺项或数据不全的应补检。其检验方法、范围及数量应符合有关标准的要求。</td><td colspan="2">使用的金属材料质量符合标准；<br>检验方法、范围及数量符合有关标准的要求</td><td>质量符合标准□<br>有质量证明书□<br>数据齐全□<br>有缺项__项<br>补检__项<br>检验方法符合标准要求□<br>检验范围符合标准要求□<br>检验数量符合标准要求□</td><td>① 质量证明书<br>② 补检质量证明文件<br>③ 合金部件金相检验报告</td></tr>
<tr><td rowspan="2">进口材料</td><td>有质量证明书，有缺项或数据不全的应补检；<br>检验方法、范围及数量符合有关标准的要求</td><td>质量符合标准□<br>有质量证明书□<br>数据齐全□<br>有缺项__项<br>补检__项<br>检验方法符合标准要求□<br>检验范围符合标准要求□<br>检验数量符合标准要求□</td><td rowspan="2">① 质量证明书<br>② 补检质量证明文件<br>③ 商检合格文件<br>④ 合金部件金相检验报告</td></tr>
<tr><td>有商检合格文件</td><td>有商检合格文件□</td></tr>
<tr><td colspan="3">施工单位项目质检员：<br><br>年　月　日</td><td colspan="2">专业监理工程师：<br><br>年　月　日</td></tr>
<tr><td colspan="5">注：符合要求，请在□内划√，不符合划×，不涉及划/。</td></tr>
</table>

# 合金材质光谱检查强制性条文执行记录表

表 TX-2-B-3 编号：

| 单位工程名称 | | | |
|---|---|---|---|
| 分部工程名称 | | 检查项目 | |
| 施工单位 | | 项目经理 | |
| 强制性条文内容 | 执行要素 | 执行情况 | 相关资料 |
| 《电力工业锅炉压力容器监察规程》（DL 612—1996） | | | |
| 7.6　合金钢部件和管材在安装及修理改造使用时，组装前后都应进行光谱或其他方法的检验，核对钢种，防止错用。 | 合金钢部件在安装及修理改造使用时，组装前后进行光谱或其他方法的检验，核对钢种 | 组装前后进行检验，钢种使用正确□ | ① 合金部件质量复核记录<br>② 材质标记 |
| | 合金钢管材在安装及修理改造使用时，组装前后进行光谱或其他方法的检验，核对钢种 | 组装前后进行检验，钢种使用正确□ | ① 合金钢材质量复核记录<br>② 材质标记 |
| 施工单位项目质检员：<br>年　月　日 | | 专业监理工程师：<br>年　月　日 | |
| 注：符合要求，请在□内划√，不符合划×，不涉及划/。 | | | |

# 压力容器上施工强制性条文执行记录表

表 TX-2-B-4　　　　　　　　　　　　　　　　编号：

<table>
<tr><td>单位工程名称</td><td colspan="3"></td></tr>
<tr><td>分部工程名称</td><td></td><td>检查项目</td><td></td></tr>
<tr><td>施工单位</td><td></td><td>项目经理</td><td></td></tr>
<tr><td>强制性条文内容</td><td>执行要素</td><td>执行情况</td><td>相关资料</td></tr>
<tr><td colspan="4">《电力工业锅炉压力容器监察规程》（DL 612—1996）</td></tr>
<tr><td rowspan="4">13.21　禁止在压力容器上随意开检修孔、焊接管座、加带贴补和利用管道作为其他重物起吊的支吊点。</td><td>禁止在压力容器上随意开检修孔</td><td>经检查，符合规定□</td><td rowspan="4">安装记录</td></tr>
<tr><td>禁止在压力容器上随意焊接管座</td><td>经检查，符合规定□</td></tr>
<tr><td>禁止在压力容器上随意加带贴补</td><td>经检查，符合规定□</td></tr>
<tr><td>禁止在压力容器上随意利用管道作为其他重物起吊的支吊点</td><td>经检查，符合规定□</td></tr>
<tr><td rowspan="2">14.2　锅炉、压力容器的检验工作应纳入安装、设备检修计划。未经检验合格的锅炉、压力容器不准安装和投入运行。</td><td>检验工作应纳入安装、设备检修计划</td><td>锅炉、压力容器的检验纳入安装、设备检修计划□</td><td rowspan="2">① 锅炉、压力容器的检验大纲<br>② 锅炉、压力容器安全性能检验报告</td></tr>
<tr><td>未经检验合格，不准安装和投入运行</td><td>锅炉、压力容器安全性能检验合格□</td></tr>
<tr><td colspan="2">施工单位项目质检员：<br><br>年　月　日</td><td colspan="2">专业监理工程师：<br><br>年　月　日</td></tr>
<tr><td colspan="4">注：符合要求，请在□内划√，不符合划×，不涉及划/。</td></tr>
</table>

# 安装工序强制性条文执行记录表

表 TX-2-B-5 编号：

<table>
<tr><td>单位工程名称</td><td colspan="4"></td></tr>
<tr><td>分部工程名称</td><td colspan="2"></td><td>检查项目</td><td></td></tr>
<tr><td>施工单位</td><td colspan="2"></td><td>项目经理</td><td></td></tr>
<tr><td colspan="2">强制性条文内容</td><td>执行要素</td><td>执行情况</td><td>相关资料</td></tr>
<tr><td colspan="5">《电力建设施工技术规范　第 2 部分：锅炉机组》（DL 5190.2—2012）</td></tr>
<tr><td colspan="2" rowspan="2">3.1.11　设备安装过程中，应及时进行检查验收；上一工序未经检查验收合格，不得进行下一工序施工。隐蔽工程隐蔽前必须经检查验收合格，并办理签证。</td><td>上一工序未经检查验收合格，不得进行下一工序施工</td><td>设备安装验收过程符合规定□</td><td>① 隐蔽工程验收签证<br>② 质量检验及验收评定表<br>③ 工程中间验收交接表</td></tr>
<tr><td>隐蔽工程隐蔽前必须检查验收合格，并办理签证</td><td>隐蔽工程验收过程符合规定□</td><td>隐蔽工程验收签证</td></tr>
<tr><td colspan="3">施工单位项目质检员：<br><br>年　月　日</td><td colspan="2">专业监理工程师：<br><br>年　月　日</td></tr>
<tr><td colspan="5">注：符合要求，请在□内划√，不符合划×，不涉及划/。</td></tr>
</table>

# 管道安装前吹扫质量强制性条文执行记录表

表 TX-2-B-6　　　　编号：

| 单位工程名称 | | | |
|---|---|---|---|
| 分部工程名称 | | 检查项目 | |
| 施工单位 | | 项目经理 | |
| 强制性条文内容 | 执行要素 | 执行情况 | 相关资料 |
| 《电力建设施工技术规范　第 2 部分：锅炉机组》（DL 5190.2—2012） | | | |
| 9.1.6　管子安装前必须进行管内清扫，清除锈皮和杂物，如需在管子上开孔，应采用机械开孔，防止铁屑落入管内。 | 安装前管内清扫，清除锈皮和杂物；安装时如需开孔，注意勿使熔渣或铁屑落入管内 | 管道安装符合要求□ | 安装记录 |
| 施工单位项目质检员：<br><br>年　月　日 | | 专业监理工程师：<br><br>年　月　日 | |
| 注：符合要求，请在□内划 √，不符合划×，不涉及划/。 | | | |

# 管道变更强制性条文执行记录表

表 TX-2-B-7　　　　编号：

<table>
<tr><td>单位工程名称</td><td colspan="3"></td></tr>
<tr><td>分部工程名称</td><td></td><td>检查项目</td><td></td></tr>
<tr><td>施工单位</td><td></td><td>项目经理</td><td></td></tr>
<tr><td>强制性条文内容</td><td>执行要素</td><td>执行情况</td><td>相关资料</td></tr>
<tr><td colspan="4">《电力建设施工技术规范　第 5 部分：管道及系统》（DL 5190.5—2012）</td></tr>
<tr><td>3.0.2　管道应按照设计图纸施工，如需修改设计或采用代用材料时，应经设计单位确认后执行。</td><td>按照设计图纸施工，修改设计或采用代用材料时，必须提请设计单位按有关制度办理</td><td>管道按图施工□<br>修改设计或采用代用材料时，按设计变更或变更设计制度执行□</td><td>① 设计图纸<br>② 设计变更通知单或变更设计通知单及目录<br>③ 代用材料技术文件</td></tr>
<tr><td colspan="2">施工单位项目质检员：<br><br>年　月　日</td><td colspan="2">专业监理工程师：<br><br>年　月　日</td></tr>
<tr><td colspan="4">注：符合要求，请在□内划√，不符合划×，不涉及划/。</td></tr>
</table>

# 合金管件及阀门材质复查强制性条文执行记录表

表 TX-2-B-8　　　　　　　　　　　　　　　　　　　　　　　　编号：

| 单位工程名称 | | | |
|---|---|---|---|
| 分部工程名称 | | 检查项目 | |
| 施工单位 | | 项目经理 | |
| 强制性条文内容 | 执行要素 | 执行情况 | 相关资料 |
| 《电力建设施工技术规范　第5部分：管道及系统》（DL 5190.5—2012） | | | |
| 4.1.4　合金钢管道、管件、管道附件及阀门在使用前，应逐件进行光谱复查，并作材质标记。 | 使用前，逐件进行光谱复查，并作出材质标记 | 经光谱复查，钢材使用正确□ | ① 出厂证件<br>② 合金钢材质复核记录<br>③ 材质标记 |
| 施工单位项目质检员：<br><br>年　月　日 | | 专业监理工程师：<br><br>年　月　日 | |
| 注：符合要求，请在□内划√，不符合划×，不涉及划/。 | | | |

# 合金管校正强制性条文执行记录表

表 TX-2-B-9　　　　编号：

| 单位工程名称 | | | |
|---|---|---|---|
| 分部工程名称 | | 检查项目 | |
| 施工单位 | | 项目经理 | |
| 强制性条文内容 | 执行要素 | 执行情况 | 相关资料 |
| 《电力建设施工技术规范　第5部分：管道及系统》（DL 5190.5—2012） | | | |
| 5.2.3　合金钢管道局部进行弯度校正时，加热温度应控制在管道的下临界温度（Ac1）以下。 | 加热温度控制在管道的下临界温度 Ac1 以下 | 加热温度控制在管道的下临界温度 Ac1 以下□ | 温度控制记录 |
| 施工单位项目质检员：<br>年　月　日 | | 专业监理工程师：<br>年　月　日 | |
| 注：符合要求，请在□内划√，不符合划×，不涉及划/。 | | | |

# 埋地钢管防腐强制性条文执行记录表

表 TX-2-B-10　　　　　　　　　　　　　　　　　　　　　　　　　　编号：

| 单位工程名称 | | | |
|---|---|---|---|
| 分部工程名称 | | 检查项目 | |
| 施工单位 | | 项目经理 | |
| 强制性条文内容 | 执行要素 | 执行情况 | 相关资料 |
| 《电力建设施工技术规范　第5部分：管道及系统》（DL 5190.5—2012） | | | |
| 5.3.8　埋地钢管的防腐层应在安装前完成，焊缝部位未经检验合格不得防腐，在运输和安装时应防止损坏防腐层。被损坏的防腐层应予以修补。 | 防腐层应在安装前做好，焊缝部位未经检验合格不得防腐，损坏的防腐层应予以修补 | 防腐层在安装前做好□<br>焊缝部位检验合格后进行了防腐□<br>损坏的防腐层进行了修补□ | ① 直埋管道防腐签证<br>② 隐蔽工程中间验收签证 |
| 施工单位项目质检员：<br><br>年　月　日 | | 专业监理工程师：<br><br>年　月　日 | |
| 注：符合要求，请在□内划√，不符合划×，不涉及划/。 | | | |

# 支吊架安装强制性条文执行记录表

表 TX-2-B-11　　　　编号：

<table>
<tr><td>单位工程名称</td><td colspan="4"></td></tr>
<tr><td>分部工程名称</td><td colspan="2"></td><td>检查项目</td><td></td></tr>
<tr><td>施工单位</td><td colspan="2"></td><td>项目经理</td><td></td></tr>
<tr><td colspan="2">强制性条文内容</td><td>执行要素</td><td>执行情况</td><td>相关资料</td></tr>
<tr><td colspan="5">《电力建设施工技术规范　第 5 部分：管道及系统》（DL 5190.5—2012）</td></tr>
<tr><td colspan="2">5.7.8　管道安装时，应及时进行支吊架的固定和调整。支吊架位置应正确，安装应平整、牢固，并与管道接触良好。</td><td>支吊架的固定和调整</td><td>支吊架的固定和调整及时□<br>支吊架位置正确□<br>支吊架安装平整、牢固，并与管道接触良好□</td><td>支吊架安装调整记录</td></tr>
<tr><td colspan="3">施工单位项目质检员：<br><br>年　月　日</td><td colspan="2">专业监理工程师：<br><br>年　月　日</td></tr>
<tr><td colspan="5">注：符合要求，请在□内划√，不符合划×，不涉及划/。</td></tr>
</table>

# 结构焊接强制性条文执行记录表

表 TX-2-B-12　　　　　　　　　　　　　　　　　　　　　　　编号：

| 单位工程名称 | | | |
|---|---|---|---|
| 分部工程名称 | | 检查项目 | |
| 施工单位 | | 项目经理 | |
| 强制性条文内容 | 执行要素 | 执行情况 | 相关资料 |
| 《钢结构工程施工质量验收规范》（GB 50205—2001） | | | |
| 4.2.1　钢材、钢铸件的品种、规格、性能等应符合现行国家产品标准和设计要求。进口钢材产品的质量应符合设计和合同规定标准的要求。<br>检查数量：全数检查。<br>检验方法：检查质量合格证明文件、中文标志及检验报告等。 | 钢材符合的标准 | 国家标准和设计要求：<br>实际标准： | 施工图纸：<br>监造报告： |
| | 合同规定的技术条件 | 符合合同规定□ | 钢材购买合同： |
| 4.3.1　焊接材料的品种、规格、性能等应符合现行国家产品标准和设计要求。<br>检查数量：全数检查。<br>检验方法：检查焊接材料的质量合格证明文件、中文标志及检验报告等。 | 焊接材料材质证明 | 符合要求□ | 材质证明书： |
| 5.2.2　焊工必须经考试合格并取得合格证书。持证焊工必须在其考试合格项目及其认可范围内施焊。<br>检查数量：全数检查。<br>检验方法：检查焊工合格证及其认可范围、有效期。 | 焊工考试合格证 | 符合要求□ | 焊工合格证编号： |
| | 施焊范围 | 符合要求□ | |
| 5.2.4　设计要求全焊透的一、二级焊缝应采用超声波探伤进行内部缺陷的检验，超声波探伤不能对缺陷作出判断时，应采用射线探伤，其内部缺陷分级及探伤方法应符合现行国家标准《钢焊缝手工超声波探伤方法和探伤结果分级法》GB 11345 或《钢熔化焊对接接头射线照相和质量分级》GB 3323 的规定。<br>焊接球节点网架焊缝、螺栓球节点网架焊缝及圆管 T、K、Y 形节点相关线焊缝，其内部缺陷分级及探伤方法应分别符合国家现行标准《焊接节点钢网架焊缝超声波探伤方法及质量分级法》JBJ/T 3034.1、《螺栓球节点钢网架焊缝超声波探伤方法及质量分级法》JBJ/T 3034.2、《建筑钢结构焊接技术规程》JGJ 81 的规定。<br>一级、二级焊缝的质量等级及缺陷分级应符合表 5.2.4（见附表）的规定。 | 一、二级焊缝检验 | 检验比例： | |

表 TX-2-B-12（续）

| 强制性条文内容 | 执行要素 | 执行情况 | 相关资料 |
| --- | --- | --- | --- |
| 《建筑钢结构焊接技术规程》（JGJ 81—2002） | | | |
| 3.0.1 建筑钢结构用钢材及焊接填充材料的选用应符合设计图的要求，并应具有钢厂和焊接材料厂出具的质量证明书或检验报告；其化学成分、力学性能和其他质量要求必须符合国家现行标准规定。当采用其他钢材和焊接材料替代设计选用的材料时，必须经原设计单位同意。 | 焊接材料符合设计要求 | 符合要求□ | 材质证明书： |
| | 材料代用设计意见 | 设计单位同意□ | 设计变更文件： |
| 4.4.2 严禁在调质钢上采用塞焊和槽焊焊缝。 | 严禁塞焊和槽焊 | 符合要求□ | |
| 5.1.1 凡符合以下情况之一者，应在钢结构构件制作及安装施工之前进行焊接工艺评定：<br>1 国内首次应用于钢结构工程的钢材（包括钢材牌号与标准相符但微合金强化元素的类别不同和供货状态不同，或国外钢号国内生产）；<br>2 国内首次应用于钢结构工程的焊接材料；<br>3 设计规定的钢材类别、焊接材料、焊接方法、接头形式、焊接位置、焊后热处理制度以及施工单位所采用的焊接工艺参数、预热后热措施等各种参数的组合条件为施工企业首次采用。 | 焊接工艺评定 | 已评定□ | 工艺评定报告： |

表 TX-2-B-12（续）

| 强制性条文内容 | 执行要素 | 执行情况 | 相关资料 |
| --- | --- | --- | --- |
| 《建筑钢结构焊接技术规程》（JGJ 81—2002） | | | |
| 7.1.5 抽样检查的焊缝数如不合格率小于 2%时，该批验收应定为合格；不合格率大于 5%时，该批验收应定为不合格；不合格率为 2%～5%时，应加倍抽检，且必须在原不合格部位两侧的焊缝延长线各增加一处，如在所有抽检焊缝中不合格率不大于 3%时，该批验收应定为合格，大于 3%时，该批验收应定为不合格。当批量验收不合格时，应对该批余下焊缝的全数进行检查。当检查出一处裂纹缺陷时，应加倍抽查，如在加倍抽检焊缝中未检查出其他裂纹缺陷时，该批验收应定为合格，当检查出多处裂纹缺陷或加倍抽查又发现裂纹缺陷时，应对该批余下焊缝的全数进行检查。 | 加倍检验 | 无损检验合格□ | 第一次无损检验报告：<br>第二次无损检验报告： |
| | 质量评定 | 评定合格□ | 质量评定报告： |
| 7.3.3 设计要求全焊透的焊缝，其内部缺陷的检验应符合下列要求：<br>1 一级焊缝应进行 100%的检验，其合格等级应为现行国家标准《钢焊缝手工超声波探伤方法及质量分级法》GB 11345 B 级检验的Ⅱ级及Ⅱ级以上；<br>2 二级焊缝应进行抽检，抽检比例应不小于 20%，其合格等级应为现行国家标准《钢焊缝手工超声波探伤方法及质量分级法》GB 11345 B 级检验的Ⅲ级及Ⅲ级以上；<br>3 全焊透的三级焊缝可不进行无损检测。 | 一、二级焊缝检验 | 符合要求□ | 检验报告： |

表 TX-2-B-12（续）

| 强制性条文内容 | 执行要素 | 执行情况 | 相关资料 |
| --- | --- | --- | --- |
| 《电站钢结构焊接通用技术条件》（DL/T 678—1999） | | | |
| 4.3.2 塞焊和槽焊的要求：<br>f）低合金调质结构钢不允许采用塞焊和槽焊。 | 严禁塞焊和槽焊 | 符合要求□ | |
| 4.6.1 焊件对接允许对口错位如下：<br>a）一类焊缝，10%的板厚且不大于2mm；<br>b）二类焊缝，15%的板厚且不大于3mm；<br>c）三类焊缝，20%的板厚且不大于4mm；<br>d）不同厚度焊件对口错位允许值按薄板计算。 | 错口量 | 错口量在允许范围内□ | 对口记录： |
| 5.1.11 工卡具、引弧板和引出板等应采用机械加工或碳弧气刨或气割方法去除，严禁用锤击落；采用碳弧气刨或气割方法时应在离工件表面3mm以上处切除，严禁损伤母材。去除后应将残留痕迹打磨修整，并认真检查。 | 严禁用锤击落工卡具、引弧板和引出板等<br>离工件表面的距离<br>打磨修整 | 符合要求□ | |
| 8.2.5 焊缝同一位置返修次数一般不应超过两次，第三次返修必须经技术总负责人批准，并将返修情况记入产品质量档案。 | 焊缝的返修 | 符合要求□ | 返修记录： |
| 施工单位项目质检员：<br>年 月 日 | | 专业监理工程师：<br>年 月 日 | |
| 注：符合要求，请在□内划√，不符合划×，不涉及划/。 | | | |

表 TX-2-B-12 附表 GB 50205—2001 表 5.2.4 一、二级焊缝质量等级及缺陷分级

| 焊缝质量等级 | | 一级 | 二级 |
| --- | --- | --- | --- |
| 内部缺陷超声波探伤 | 评定等级 | II | III |
| | 检验等级 | B 级 | B 级 |
| | 探伤比例 | 100% | 20% |
| 内部缺陷射线探伤 | 评定等级 | II | III |
| | 检验等级 | AB 级 | AB 级 |
| | 探伤比例 | 100% | 20% |

注：探伤比例的计数方法应按以下原则确定：①对工厂制作焊缝，应按每条焊缝计算百分比，且探伤长度应不小于200mm，当焊缝长度不足200mm时，应对整条焊缝进行探伤；②对现场安装焊缝，应按同一类型、同一施焊条件的焊缝条数计算百分比，探伤长度应不小于200mm，并应不少于1条焊缝。

# 机务工程
## 强制性条文执行检查表

# 压力容器及管道安装质量强制性条文执行检查表

表 TX-2-C-1　　　　编号：

| 单位工程名称 | | 分部工程名称 | |
|---|---|---|---|
| 施工单位 | | 项目经理 | |
| 序号 | 强制性条文内容 | 执行情况 | 相关资料 |
| 《火力发电厂职业卫生设计规程》（DL 5454—2012） | | | |
| 1 | 6.3.2　产生有毒物质场所的防护设施设计：<br>4　联氨应采用单独密闭容器储存，设备周围应有围堰和冲洗设施。 | | 表 TX-2-B-1 |
| 《电力工业锅炉压力容器监察规程》（DL 612—1996） | | | |
| 2 | 4.1　锅炉、压力容器及管道的设计、制造、安装、调试、修理改造、检验和化学清洗单位按国家或部颁有关规定，实施资格许可证制度。<br>从事锅炉、压力容器和管道的运行操作、检验、焊接、焊后热处理、无损检测人员，应取得相应的资格证书。<br>单位和个人的资格审查、考核发证，按部颁或劳动部有关规定执行。 | | 表 TX-2-B-1 |
| 3 | 7.2　锅炉、压力容器及管道使用的金属材料质量应符合标准，有质量证明书。使用的进口材料除有质量证明书外，尚需有商检合格的文件。<br>质量证明书中有缺项或数据不全的应补检，其检验方法、范围及数量应符合有关标准的要求。 | | 表 TX-2-B-2 |
| 4 | 7.6　合金钢部件和管材在安装及修理改造使用时，组装前后都应进行光谱或其他方法的检验，核对钢种，防止错用。 | | 表 TX-2-B-3 |
| 5 | 13.21　禁止在压力容器上随意开检修孔、焊接管座、加带贴补和利用管道作为其他重物起吊的支吊点。 | | 表 TX-2-B-4 |
| 6 | 14.2　锅炉、压力容器的检验工作应纳入安装、设备检修计划。未经检验合格的锅炉、压力容器不准安装和投入运行。 | | 表 TX-2-B-4 |
| 《电力建设施工技术规范　第 2 部分：锅炉机组》（DL 5190.2—2012） | | | |
| 7 | 9.1.6　管子安装前必须进行管内清扫，清除锈皮和杂物，如需在管子上开孔，应采用机械开孔，防止铁屑落入管内。 | | 表 TX-2-B-6 |
| 《电力建设施工技术规范　第 5 部分：管道及系统》（DL 5190.5—2012） | | | |
| 8 | 5.7.8　管道安装时，应及时进行支吊架的固定和调整。支吊架位置应正确，安装应平整、牢固，并与管道接触良好。 | | 表 TX-2-B-11 |
| 施工单位项目总工：<br><br>年　月　日 | | 项目总监（副总监）：<br><br>年　月　日 | |

# 附属机械安装强制性条文执行检查表

表 TX-2-C-2　　　　　　　　　　　　　　　　编号：

| 单位工程名称 | | 分部工程名称 | |
|---|---|---|---|
| 施工单位 | | 项目经理 | |
| 序号 | 强制性条文内容 | 执行情况 | 相关资料 |
| 《电力工业锅炉压力容器监察规程》（DL 612—1996） | | | |
| 1 | 7.6　合金钢部件和管材在安装及修理改造使用时，组装前后都应进行光谱或其他方法的检验，核对钢种，防止错用。 | | 表 TX-2-B-3 |
| 《电力建设施工技术规范 第 2 部分：锅炉机组》（DL 5190.2—2012） | | | |
| 2 | 3.1.11　设备安装过程中，应及时进行检查验收；上一工序未经检查验收合格，不得进行下一工序施工。隐蔽工程隐蔽前必须经检查验收合格，并办理签证。 | | 表 TX-2-B-5 |
| 3 | 9.1.6　管子安装前必须进行管内清扫，清除锈皮和杂物，如需在管子上开孔，应采用机械开孔，防止铁屑落入管内。 | | 表 TX-2-B-6 |
| 《电力建设施工技术规范 第 5 部分：管道及系统》（DL 5190.5—2012） | | | |
| 4 | 3.0.2　管道应按照设计图纸施工，如需修改设计或采用代用材料时，应经设计单位确认后执行。 | | 表 TX-2-B-7 |
| 5 | 4.1.4　合金钢管道、管件、管道附件及阀门在使用前，应逐件进行光谱复查，并作材质标记。 | | 表 TX-2-B-8 |
| 6 | 5.2.3　合金钢管道局部进行弯度校正时，加热温度应控制在管道的下临界温度（Ac1）以下。 | | 表 TX-2-B-9 |
| 7 | 5.7.8　管道安装时，应及时进行支吊架的固定和调整。支吊架位置应正确，安装应平整、牢固，并与管道接触良好。 | | 表 TX-2-B-11 |
| 施工单位项目总工：<br><br>年　月　日 | | 项目总监（副总监）：<br><br>年　月　日 | |

# 设备及管道油漆强制性条文执行检查表

表 TX-2-C-3 编号：

<table>
<tr><td colspan="2">单位工程名称</td><td></td><td>分部工程名称</td><td></td></tr>
<tr><td colspan="2">施工单位</td><td></td><td>项目经理</td><td></td></tr>
<tr><td>序号</td><td colspan="2">强制性条文内容</td><td>执行情况</td><td>相关资料</td></tr>
<tr><td colspan="5">《电力建设施工技术规范 第 5 部分：管道及系统》（DL 5190.5—2012）</td></tr>
<tr><td>1</td><td colspan="2">5.3.8 埋地钢管的防腐层应在安装前完成，焊缝部位未经检验合格不得防腐，在运输和安装时应防止损坏防腐层。被损坏的防腐层应予以修补。</td><td></td><td>表 TX-2-B-10</td></tr>
<tr><td colspan="3">施工单位项目总工：<br><br>年 月 日</td><td colspan="2">项目总监（副总监）：<br><br>年 月 日</td></tr>
</table>

# 焊接工程钢结构焊接强制性条文执行检查表

表 TX-2-C-4 编号：

| 单位工程名称 | | 分部工程名称 | |
|---|---|---|---|
| 施工单位 | | 项目经理 | |
| 序号 | 强制性条文内容 | 执行情况 | 相关资料 |
| 《钢结构工程施工质量验收规范》（GB 50205—2001） | | | |
| 1 | 4.2.1 钢材、钢铸件的品种、规格、性能等应符合现行国家产品标准和设计要求。进口钢材产品的质量应符合设计和合同规定标准的要求。<br>检查数量：全数检查。<br>检验方法：检查质量合格证明文件、中文标志及检验报告等。 | | 表 TX-2-B-12 |
| 2 | 4.3.1 焊接材料的品种、规格、性能等应符合现行国家产品标准和设计要求。<br>检查数量：全数检查。<br>检验方法：检查焊接材料的质量合格证明文件、中文标志及检验报告等。 | | 表 TX-2-B-12 |
| 3 | 5.2.2 焊工必须经考试合格并取得合格证书。持证焊工必须在其考试合格项目及其认可范围内施焊。<br>检查数量：全数检查。<br>检验方法：检查焊工合格证及其认可范围、有效期。 | | 表 TX-2-B-12 |
| 4 | 5.2.4 设计要求全焊透的一、二级焊缝应采用超声波探伤进行内部缺陷的检验，超声波探伤不能对缺陷作出判断时，应采用射线探伤，其内部缺陷分级及探伤方法应符合现行国家标准《钢焊缝手工超声波探伤方法和探伤结果分级法》GB 11345 或《钢熔化焊对接接头射线照相和质量分级》GB 3323 的规定。<br>焊接球节点网架焊缝、螺栓球节点网架焊缝及圆管 T、K、Y 形节点相关线焊缝，其内部缺陷分级及探伤方法应分别符合国家现行标准《焊接节点钢网架焊缝超声波探伤方法及质量分级法》JBJ/T 3034.1、《螺栓球节点钢网架焊缝超声波探伤方法及质量分级法》JBJ/T 3034.2、《建筑钢结构焊接技术规程》JGJ 81 的规定。<br>一级、二级焊缝的质量等级及缺陷分级应符合表 5.2.4 的规定。 | | 表 TX-2-B-12 |

表 TX-2-C-4（续）

| 序号 | 强制性条文内容 | 执行情况 | 相关资料 |
|---|---|---|---|
| 《建筑钢结构焊接技术规程》（JGJ 81—2002） | | | |
| 5 | 3.0.1 建筑钢结构用钢材及焊接填充材料的选用应符合设计图的要求，并应具有钢厂和焊接材料厂出具的质量证明书或检验报告；其化学成分、力学性能和其他质量要求必须符合国家现行标准规定。当采用其他钢材和焊接材料替代设计选用的材料时，必须经原设计单位同意。 | | 表 TX-2-B-12 |
| 6 | 4.4.2 严禁在调质钢上采用塞焊和槽焊焊缝。 | | 表 TX-2-B-12 |
| 7 | 5.1.1 凡符合以下情况之一者，应在钢结构构件制作及安装施工之前进行焊接工艺评定：<br>1 国内首次应用于钢结构工程的钢材（包括钢材牌号与标准相符但微合金强化元素的类别不同和供货状态不同，或国外钢号国内生产）；<br>2 国内首次应用于钢结构工程的焊接材料；<br>3 设计规定的钢材类别、焊接材料、焊接方法、接头形式、焊接位置、焊后热处理制度以及施工单位所采用的焊接工艺参数、预热后热措施等各种参数的组合条件为施工企业首次采用。 | | 表 TX-2-B-12 |
| 8 | 7.1.5 抽样检查的焊缝数如不合格率小于2%时，该批验收应定为合格；不合格率大于5%时，该批验收应定为不合格；不合格率为2%～5%时，应加倍抽检，且必须在原不合格部位两侧的焊缝延长线各增加一处，如在所有抽检焊缝中不合格率不大于3%时，该批验收应定为合格，大于3%时，该批验收应定为不合格。当批量验收不合格时，应对该批余下焊缝的全数进行检查。当检查出一处裂纹缺陷时，应加倍抽查，如在加倍抽检焊缝中未检查出其他裂纹缺陷时，该批验收应定为合格，当检查出多处裂纹缺陷或加倍抽查又发现裂纹缺陷时，应对该批余下焊缝的全数进行检查。 | | 表 TX-2-B-12 |

表 TX-2-C-4（续）

| 序号 | 强制性条文内容 | 执行情况 | 相关资料 |
| --- | --- | --- | --- |
| 《建筑钢结构焊接技术规程》（JGJ 81—2002） | | | |
| 9 | 7.3.3 设计要求全焊透的焊缝，其内部缺陷的检验应符合下列要求：<br>1 一级焊缝应进行100%的检验，其合格等级应为现行国家标准《钢焊缝手工超声波探伤方法及质量分级法》（GB 11345）B级检验的Ⅱ级及Ⅱ级以上；<br>2 二级焊缝应进行抽检，抽检比例应不小于20%，其合格等级应为现行国家标准《钢焊缝手工超声波探伤方法及质量分级法》（GB 11345）B级检验的Ⅲ级及Ⅲ级以上。<br>3 全焊透的三级焊缝可不进行无损检测。 | | 表 TX-2-B-12 |
| 《电站钢结构焊接通用技术条件》（DL/T 678—1999） | | | |
| 10 | 4.3.2 塞焊和槽焊的要求：<br>f）低合金调质结构钢不允许采用塞焊和槽焊。 | | 表 TX-2-B-12 |
| 11 | 4.6.1 焊件对接允许对口错位如下：<br>a）一类焊缝，10%的板厚且不大于2mm；<br>b）二类焊缝，15%的板厚且不大于3mm；<br>c）三类焊缝，20%的板厚且不大于4mm；<br>d）不同厚度焊件对口错位允许值按薄板计算。 | | 表 TX-2-B-12 |
| 12 | 5.1.11 工卡具、引弧板和引出板等应采用机械加工或碳弧气刨或气割方法去除，严禁用锤击落；采用碳弧气刨或气割方法时应在离工件表面3mm以上处切除，严禁损伤母材。去除后应将残留痕迹打磨修整，并认真检查。 | | 表 TX-2-B-12 |
| 13 | 8.2.5 焊缝同一位置返修次数一般不应超过两次，第三次返修必须经技术总负责人批准，并将返修情况记入产品质量档案。 | | 表 TX-2-B-12 |
| 施工单位项目总工：<br><br>年 月 日 | | 项目总监（副总监）：<br><br>年 月 日 | |

# 机 务 工 程
## 强制性条文执行汇总表

# 工程质量强制性条文执行验收汇总表

表 TX-2-D 编号：

| 单位工程名称 | | | | | |
|---|---|---|---|---|---|
| 序号 | 检查项目 | 执行情况 | | | 验收结论 |
| 1 | 分部工程名称 | 应执行 | 已执行 | 记录份数 | |
| | | | | | |
| | | | | | |
| | | | | | |
| | | | | | |
| | | | | | |
| | | | | | |
| | | | | | |
| 2 | 单位工程已按合同、设计文件及规程、规范、标准要求施工完毕并经验收合格 | 应验收 | 已验收 | 合格率 | |
| | | | | | |
| 3 | 工程质量控制资料应完整 | 共　　项　　份，签证齐全 | | | |
| 4 | 参加工程验收的各方人员资格合格 | 质检员证号：<br>监理人员资质证号： | | | |
| 5 | 工程验收程序符合要求 | 各单位验收报告资料齐全 | | | |
| 6 | 调试工作符合规定 | 调试项目齐全，调试报告： | | | |
| 核查意见 | 施工单位<br>项目经理：<br>年　月　日 | 监理单位<br>总监理工程师：<br>年　月　日 | | 建设单位<br>技术负责人：<br>年　月　日 | |

# 第三部分

# 电气工程

# 电 气 工 程
## 强制性条文执行计划表

# 电气工程强制性条文执行计划表

表 TX-3-A

| 工程编号 | | | 工程名称 | 责任单位 | | | 强制性条文执行表号 |
|---|---|---|---|---|---|---|---|
| 单位工程 | 分部工程 | 分项工程 | | 施工单位 | 监理单位 | 建设单位 | |
| 1 | | | 脱硝系统电气设备安装 | ○ | ○ | ● | 表 TX-3-D |
| | 1 | | 氨区电气设备安装 | ○ | ● | ○ | 表 TX-3-C-2、表 TX-3-C-12 |
| | | 1 | MCC（电动机控制中心）盘安装 | ● | ○ | ○ | 表 TX-3-B-9 |
| | | 2 | 控制盘安装 | ● | ○ | ○ | 表 TX-3-B-2 |
| | | 3 | 就地电气设备安装 | ● | ○ | ○ | 表 TX-3-B-12 |
| | | 4 | 就地电气线路检查 | ● | ○ | ○ | 表 TX-3-B-12 |
| | | 5 | 就地电气设备接地 | ● | ○ | ○ | 表 TX-3-B-13 |
| | | 6 | 二次回路检查及接线 | | | | |
| | 2 | | 氨区电气设备带电试运 | | | | |
| | 3 | | SCR 区电气设备安装 | ○ | ● | ○ | 表 TX-3-C-2、表 TX-3-C-8、表 TX-3-C-9 |
| | | 1 | MCC（电动机控制中心）盘安装 | ● | ○ | ○ | 表 TX-3-B-9 |
| | | 2 | 控制盘安装 | ● | ○ | ○ | 表 TX-3-B-2 |
| | | 3 | 电动机检查 | ● | ○ | ○ | 表 TX-3-B-8 |
| | | 4 | 二次回路检查及接线 | | | | |
| | 4 | | SCR 区电气设备带电试运 | | | | |
| 2 | | | 全厂起重机电气设备安装 | ○ | ○ | ● | 表 TX-3-D |
| | 1 | | 脱硝系统起重机电气设备安装 | ○ | ● | ○ | 表 TX-3-C-2、表 TX-3-C-10 |
| | | 3 | 滑线安装 | ● | ○ | ○ | 表 TX-3-B-10 |
| | | 4 | 软电缆安装 | ● | ○ | ○ | 表 TX-3-B-10 |
| | 2 | | 起重机电动机带电试运 | | | | |
| | 3 | | 起重机电气设备 | ○ | ● | ○ | 表 TX-3-C-11 |
| | | 1 | 起重机电气设备带电试运 | ● | ○ | ○ | 表 TX-3-B-11 |
| 3 | | | 全厂电缆线路施工 | ○ | ○ | ● | 表 TX-3-D |
| | 1 | | 电缆管配置及敷设 | ○ | ● | ○ | 表 TX-3-C-2 |
| | | 1 | 氨区电缆管配置及敷设 | ● | ○ | ○ | 表 TX-3-B-2 |
| | | 2 | 脱硝系统电缆管配置及敷设 | ● | ○ | ○ | 表 TX-3-B-2 |
| | 2 | | 电缆架安装 | ○ | ● | ○ | 表 TX-3-C-1、表 TX-3-C-2 |
| | | 1 | 氨区电缆架安装 | ● | ○ | ○ | 表 TX-3-B-1、表 TX-3-B-2 |
| | | 2 | 脱硝 SCR（SNCR）区电缆架安装 | ● | ○ | ○ | 表 TX-3-B-1、表 TX-3-B-2 |
| | 3 | | 电缆敷设 | ○ | ● | ○ | 表 TX-3-C-1 |
| | | 1 | 氨区电缆敷设 | ● | ○ | ○ | 表 TX-3-B-1 |
| | | 2 | 脱硝 SCR（SNCR）区电缆敷设 | ● | ○ | ○ | 表 TX-3-B-1 |
| | 4 | | 电力电缆终端制作及安装 | ○ | ● | ○ | 表 TX-3-C-3 |

表 TX-3-A（续）

| 工程编号 | | | 工程名称 | 责任单位 | | | 强制性条文执行表号 |
|---|---|---|---|---|---|---|---|
| 单位工程 | 分部工程 | 分项工程 | | 施工单位 | 监理单位 | 建设单位 | |
| 3 | 4 | 1 | 脱硝厂用电系统电力电缆终端制作及安装 | ● | ○ | ○ | 表 TX-3-B-5 |
| | | 2 | 照明及检修电源系统电力电缆终端制作及安装 | ● | ○ | ○ | 表 TX-3-B-5 |
| | | 3 | 氨区电力电缆终端制作及安装 | ● | ○ | ○ | 表 TX-3-B-5 |
| | 5 | | 控制电缆终端制作及安装 | ○ | ● | ○ | 表 TX-3-C-3 |
| | | 1 | 脱硝厂用电系统控制电缆终端制作及安装 | ● | ○ | ○ | 表 TX-3-B-2 |
| | | 2 | 氨区控制电缆终端制作及安装 | ● | ○ | ○ | 表 TX-3-B-2 |
| | 6 | | 电缆防火与阻燃 | ○ | ● | ○ | 表 TX-3-C-1 |
| | | 1 | SCR 区电缆防火与阻燃 | ● | ○ | ○ | 表 TX-3-B-1 |
| | | 2 | 氨区电缆防火与阻燃 | ● | ○ | ○ | 表 TX-3-B-1 |
| 4 | | | 全厂接地装置安装 | ○ | ○ | ● | 表 TX-3-D |
| | 1 | | 屋外接地装置安装 | ○ | ● | ○ | 表 TX-3-C-5、表 TX-3-C-7 |
| | | 1 | SCR 区屋外接地装置安装 | ● | ○ | ○ | 表 TX-3-B-3、表 TX-3-B-6 |
| | | 2 | 氨区屋外接地装置安装 | ● | ○ | ○ | 表 TX-3-B-3、表 TX-3-B-6 |
| | 2 | | 屋内接地装置安装 | ○ | ● | ○ | 表 TX-3-C-4、表 TX-3-C-7 |
| | | 1 | 氨区屋内接地装置安装 | ● | ○ | ○ | 表 TX-3-B-4、表 TX-3-B-6 |
| | | 2 | 脱硝系统屋内接地装置安装 | ● | ○ | ○ | 表 TX-3-B-4、表 TX-3-B-6 |
| | 3 | | 避雷针接地装置安装 | ○ | ● | ○ | 表 TX-3-C-6、表 TX-3-C-7 |
| | | 1 | 氨区避雷针接地装置安装 | ● | ○ | ○ | 表 TX-3-B-6、表 TX-3-B-7 |
| 5 | | | 电力工程交接试验部分 | ○ | ○ | ● | 表 TX-3-D |
| | 1 | | 电力工程交接试验 | ○ | ● | ○ | 表 TX-3-C-13 |
| | | 1 | 交流电动机试验 | ● | ○ | ○ | 表 TX-3-B-14 |
| | | 2 | 电抗器及消弧线圈试验 | ● | ○ | ○ | 表 TX-3-B-15 |
| | | 3 | 互感器试验 | ● | ○ | ○ | 表 TX-3-B-16 |
| | | 4 | 电力电缆线路试验 | ● | ○ | ○ | 表 TX-3-B-17 |
| | | 5 | 避雷器试验 | ● | ○ | ○ | 表 TX-3-B-18 |
| | | 6 | 接地装置试验 | ● | ○ | ○ | 表 TX-3-B-19 |

注：1. ●为该项强制性条文执行的责任主体单位。

2. ○为该项强制性条文相关责任单位。

# 电 气 工 程

## 强制性条文执行记录表

# 电缆施工强制性条文执行记录表

表 TX-3-B-1　　　　编号：

| 单位工程名称 | | | |
|---|---|---|---|
| 分部工程名称 | | 检查项目 | |
| 施工单位 | | 项目经理 | |
| 强制性条文内容 | 执行要素 | 执行情况 | 相关资料 |
| 《电气装置安装工程　电缆线路施工及验收规范》（GB 50168—2006） | | | |
| 4.2.9　金属电缆支架全长均应有良好的接地。 | 全长接地 | | 电缆支架（桥架）验收记录<br>编号： |
| 5.2.6　直埋电缆在直线段每隔 50～100m 处、电缆接头处、转弯处、进入建筑物等处，应设置明显的方位标志或标桩。 | 标志设置 | | 检查记录<br>编号： |
| 7.0.1　对易受外部影响着火的电缆密集场所或可能着火蔓延而酿成严重事故的电缆线路，必须按设计要求的防火阻燃措施施工。 | 施工措施 | | 电缆防火施工措施<br>验收记录<br>编号： |
| | 施工情况 | | |
| 施工单位项目质检员：<br>年　月　日 | | 专业监理工程师：<br>年　月　日 | |

# 电气设备接地施工强制性条文执行记录表

表 TX-3-B-2　　　　　　　　　　　　　　　　　　　　编号：

| 单位工程名称 | | | |
|---|---|---|---|
| 分部工程名称 | | 检查项目 | |
| 施工单位 | | 项目经理 | |
| 强制性条文内容 | 执行要素 | 执行情况 | 相关资料 |
| 《电气装置安装工程　接地装置施工及验收规范》（GB 50169—2006） | | | |
| 3.1.1　电气装置的下列金属部分，均应接地或接零：<br>1　电机、变压器、电器、携带式或移动式用电器具等的金属底座和外壳； | 接地检查 | | 接地检查记录<br>编号： |
| 2　电气设备的传动装置； | 接地检查 | | 接地检查记录<br>编号： |
| 3　屋内外配电装置的金属或钢筋混凝土构架以及靠近带电部分的金属遮栏和金属门； | 接地检查 | | 接地检查记录<br>编号： |
| 4　配电、控制、保护用的屏（柜、箱）及操作台等的金属框架和底座； | 接地检查 | | 接地检查记录<br>编号： |
| 5　交、直流电力电缆的接头盒、终端头和膨胀器的金属外壳和可触及的电缆金属护层和穿线的钢管，穿线的钢管之间或钢管和电器设备之间有金属软管过渡的，应保证金属软管段接地畅通； | 接地检查 | | 接地检查记录<br>编号： |
| 6　电缆桥架、支架和井架； | 接地检查 | | 接地检查记录<br>编号： |
| 7　装有避雷线的电力线路杆塔； | 接地检查 | | 接地检查记录<br>编号： |
| 8　装在配电线路杆上的电力设备； | 接地检查 | | 接地检查记录<br>编号： |
| 9　在非沥青地面的居民区内，不接地、消弧线圈接地和高电阻接地系统中无避雷线的架空电力线路的金属杆塔和钢筋混凝土杆塔； | 接地检查 | | 接地检查记录<br>编号： |

表 TX-3-B-2（续）

| 强制性条文内容 | 执行要素 | 执行情况 | 相关资料 |
| --- | --- | --- | --- |
| 《电气装置安装工程　接地装置施工及验收规范》（GB 50169—2006） | | | |
| 10　承载电气设备的构架和金属外壳； | 接地检查 | | 接地检查记录<br>编号： |
| 13　电热设备的金属外壳； | 接地检查 | | 接地检查记录<br>编号： |
| 14　铠装控制电缆的金属护层； | 接地检查 | | 接地检查记录<br>编号： |
| 15　互感器二次绕组。 | 接地检查 | | 接地检查记录<br>编号： |
| 3.1.4　接地线不应作其他用途。 | 用途 | | |
| 3.3.1　接地体顶面埋设深度应符合设计规定。当无规定时，不应小于 0.6m。角钢、钢管、铜棒、铜管等接地体应垂直配置。除接地体外，接地体引出线的垂直部分和接地装置连接（焊接）部位外侧 100mm 范围内应做防腐处理；在做防腐处理前，表面必须除锈并去掉焊接处残留的焊药。 | 接地体检查 | | |

| 施工单位项目质检员：<br><br>年　月　日 | 专业监理工程师：<br><br>年　月　日 |
| --- | --- |

# 接地网施工强制性条文执行记录表

表 TX-3-B-3　　　　　　　　　　　　　　　　　　　　　　　　编号：

<table>
<tr><td>单位工程名称</td><td colspan="3"></td></tr>
<tr><td>分部工程名称</td><td></td><td>检查项目</td><td></td></tr>
<tr><td>施工单位</td><td></td><td>项目经理</td><td></td></tr>
<tr><td>强制性条文内容</td><td>执行要素</td><td>执行情况</td><td>相关资料</td></tr>
<tr><td colspan="4">《电气装置安装工程　接地装置施工及验收规范》（GB 50169—2006）</td></tr>
<tr><td>3.2.4　人工接地网的敷设应符合以下规定：<br>1　人工接地网的外缘应闭合，外缘各角应做成圆弧形，圆弧的半径不宜小于均压带间距的一半；</td><td>接地网敷设</td><td></td><td>隐蔽工程验收签证编号：</td></tr>
<tr><td>2　接地网内应敷设水平均压带，按等间距或不等间距布置；</td><td>接地网敷设</td><td></td><td>隐蔽工程验收签证编号：</td></tr>
<tr><td rowspan="4">3.2.5　除临时接地装置外，接地装置应采用热镀锌钢材，水平敷设的可采用圆钢和扁钢，垂直敷设的可采用角钢和钢管。腐蚀比较严重地区的接地装置，应适当加大截面，或采用阴极保护等措施。<br>不得采用铝导体作为接地体或接地线。当采用扁铜带、铜绞线、铜棒、铜包钢、铜包钢绞线、钢镀铜、铝包铜等材料作接地装置时，其连接应符合本规范的规定。</td><td>接地材质、规格</td><td></td><td rowspan="2">隐蔽工程验收签证编号：</td></tr>
<tr><td>判断腐蚀强弱</td><td></td></tr>
<tr><td>接地材质</td><td></td><td rowspan="2">隐蔽工程验收签证编号：</td></tr>
<tr><td>接地连接</td><td></td></tr>
</table>

表 TX-3-B-3（续）

<table>
<tr><th>强制性条文内容</th><th>执行要素</th><th>执行情况</th><th>相关资料</th></tr>
<tr><td colspan="4">《电气装置安装工程　接地装置施工及验收规范》（GB 50169—2006）</td></tr>
<tr><td rowspan="3">3.3.1　接地体顶面埋设深度应符合设计规定。当无规定时，不应小于0.6m。角钢、钢管、铜棒、铜管等接地体应垂直配置。除接地体外，接地体引出线的垂直部分和接地装置连接（焊接）部位外侧100mm范围内应做防腐处理；在做防腐处理前，表面必须除锈并去掉焊接处残留的焊药。</td><td>埋设深度</td><td></td><td rowspan="3">隐蔽工程验收签证记录<br>编号：</td></tr>
<tr><td>防腐范围</td><td></td></tr>
<tr><td>防腐处理</td><td></td></tr>
<tr><td rowspan="3">3.11.3　接地装置的安装应符合以下要求：<br>1　接地极的型式、埋入深度及接地电阻值应符合设计要求；</td><td>埋深</td><td></td><td rowspan="3">接地检查记录<br>编号：</td></tr>
<tr><td>型式</td><td></td></tr>
<tr><td>接地电阻</td><td>接地电阻：</td></tr>
<tr><td>2　穿过墙、地面、楼板等处应有足够坚固的机械保护措施；</td><td>保护措施</td><td></td><td>接地检查记录<br>编号：</td></tr>
<tr><td>3　接地装置的材质及结构应考虑腐蚀而引起的损伤，必要时采取措施，防止产生电腐蚀。</td><td>保护措施</td><td></td><td>接地检查记录<br>编号：</td></tr>
<tr><td colspan="2">施工单位项目质检员：<br><br>年　　月　　日</td><td colspan="2">专业监理工程师：<br><br>年　　月　　日</td></tr>
</table>

# 接地线连接施工强制性条文执行记录表

表 TX-3-B-4　　　　编号：

<table>
<tr><td>单位工程名称</td><td colspan="4"></td></tr>
<tr><td>分部工程名称</td><td colspan="2"></td><td>检查项目</td><td></td></tr>
<tr><td>施工单位</td><td colspan="2"></td><td>项目经理</td><td></td></tr>
<tr><td colspan="2">强制性条文内容</td><td>执行要素</td><td>执行情况</td><td>相关资料</td></tr>
<tr><td colspan="5">《电气装置安装工程　接地装置施工及验收规范》（GB 50169—2006）</td></tr>
<tr><td colspan="2">3.2.9　不得利用蛇皮管、管道保温层的金属外皮或金属网、低压照明网络的导线铅皮以及电缆金属护层作接地线。蛇皮管两端应采用自固接头或软管接头，且两端应采用软铜线连接。</td><td>接地连接检查</td><td></td><td>接地装置检查记录<br>编号：</td></tr>
<tr><td colspan="2" rowspan="2">3.3.3　接地线应采取防止发生机械损伤和化学腐蚀的措施。在与公路、铁路或管道等交叉及其他可能使接地线遭受损伤处，均应用钢管或角钢等加以保护。接地线在穿过墙壁、楼板和地坪处应加装钢管或其他坚固的保护套，有化学腐蚀的部位还应采取防腐措施。热镀锌钢材焊接时将破坏热镀锌防腐，应在焊痕外 100mm 内做防腐处理。</td><td>防护措施</td><td rowspan="2"></td><td rowspan="2">接地检查记录<br>编号：</td></tr>
<tr><td>防腐措施</td></tr>
<tr><td colspan="2" rowspan="2">3.3.4　接地干线应在不同的两点及以上与接地网相连接。自然接地体应在不同的两点及以上与接地干线或接地网相连接。</td><td>接地干线在不同的两点及以上与接地网相连接</td><td>点数：</td><td rowspan="2">接地检查记录<br>编号：</td></tr>
<tr><td>自然接地体在不同的两点及以上与接地干线或接地网相连接</td><td>点数：</td></tr>
<tr><td colspan="2">施工单位项目质检员：<br><br>年　月　日</td><td colspan="3">专业监理工程师：<br><br>年　月　日</td></tr>
</table>

# 电缆接地施工强制性条文执行记录表

表 TX-3-B-5　　　　编号：

<table>
<tr><td>单位工程名称</td><td colspan="4"></td></tr>
<tr><td>分部工程名称</td><td colspan="2"></td><td>检查项目</td><td></td></tr>
<tr><td>施工单位</td><td colspan="2"></td><td>项目经理</td><td></td></tr>
<tr><td colspan="2">强制性条文内容</td><td>执行要素</td><td>执行情况</td><td>相关资料</td></tr>
<tr><td colspan="5">《电气装置安装工程　接地装置施工及验收规范》（GB 50169—2006）</td></tr>
<tr><td colspan="2" rowspan="2">3.3.11　当电缆穿过零序电流互感器时，电缆头的接地线应通过零序电流互感器后接地；由电缆头至穿过零序电流互感器的一段电缆金属护层和接地线应对地绝缘。</td><td>电缆头接地线<br>接地位置</td><td></td><td rowspan="2">电缆接地检查记录<br>编号：</td></tr>
<tr><td>对地绝缘</td><td></td></tr>
<tr><td colspan="2">施工单位项目质检员：<br><br>年　月　日</td><td colspan="3">专业监理工程师：<br><br>年　月　日</td></tr>
</table>

# 接地体（线）焊接施工强制性条文执行记录表

表 TX-3-B-6　　　　　　　　　　　　　　　　　　　　编号：

<table>
<tr><td>单位工程名称</td><td colspan="4"></td></tr>
<tr><td>分部工程名称</td><td colspan="2"></td><td>检查项目</td><td></td></tr>
<tr><td>施工单位</td><td colspan="2"></td><td>项目经理</td><td></td></tr>
<tr><td colspan="2">强制性条文内容</td><td>执行要素</td><td>执行情况</td><td>相关资料</td></tr>
<tr><td colspan="5">《电气装置安装工程　接地装置施工及验收规范》（GB 50169—2006）</td></tr>
<tr><td colspan="2" rowspan="3">3.4.1　接地体（线）的连接应采用焊接，焊接必须牢固无虚焊。接至电气设备上的接地线，应用镀锌螺栓连接；有色金属接地线不能采用焊接时，可用螺栓连接、压接、热剂焊（放热焊接）方式连接。用螺栓连接时应设防松螺帽或防松垫片，螺栓连接处的接触面应按现行国家标准《电气装置安装工程　母线装置施工及验收规范》GBJ 149 的规定处理。不同材料接地体间的连接应进行处理。</td><td>连接方式</td><td></td><td rowspan="3">接地检查记录<br>编号：</td></tr>
<tr><td>连接可靠性</td><td></td></tr>
<tr><td>接触面</td><td></td></tr>
<tr><td colspan="2" rowspan="2">3.4.2　接地体（线）的焊接应采用搭接焊，其搭接长度必须符合下列规定：<br>1　扁钢为其宽度的 2 倍（且至少 3 个棱边焊接）；</td><td>搭接长度</td><td>宽度：<br>长度：</td><td rowspan="2">接地检查记录<br>编号：</td></tr>
<tr><td>焊接面</td><td></td></tr>
<tr><td colspan="2">2　圆钢为其直径的 6 倍；</td><td>搭接长度</td><td>直径：<br>搭接长度：</td><td>接地检查记录<br>编号：</td></tr>
<tr><td colspan="2">3　圆钢与扁钢连接时，其长度为圆钢直径的 6 倍；</td><td>搭接长度</td><td>直径：<br>搭接长度：</td><td>接地检查记录<br>编号：</td></tr>
<tr><td colspan="2">4　扁钢与钢管、扁钢与角钢焊接时，为了连接可靠，除应在其接触部位两侧进行焊接外，并应焊以由钢带弯成的弧形（或直角形）卡子或直接由钢带本身弯成弧形（或直角形）与钢管（或角钢）焊接。</td><td>焊接可靠</td><td></td><td>接地接查记录<br>编号：</td></tr>
<tr><td colspan="2">3.4.3　接地体（线）为铜与铜或铜与钢的连接工艺采用热剂焊（放热焊接）时，其熔接接头必须符合下列规定：<br>1　被连接的导体必须完全包在接头里；</td><td>熔焊要求</td><td></td><td></td></tr>
<tr><td colspan="2">2　要保证连接部位的金属完全熔化，连接牢固；</td><td>熔焊要求</td><td></td><td></td></tr>
<tr><td colspan="2">3　热剂焊（放热焊接）接头的表面应平滑；</td><td>熔焊要求</td><td></td><td></td></tr>
<tr><td colspan="2">4　热剂焊（放热焊接）的接头应无贯穿性的气孔。</td><td>熔焊要求</td><td></td><td></td></tr>
<tr><td colspan="2">施工单位项目质检员：<br><br>年　月　日</td><td colspan="3">专业监理工程师：<br><br>年　月　日</td></tr>
</table>

# 避雷针（线、带、网）施工强制性条文执行记录表

表 TX-3-B-7　　　　　　　　　　　　　　　　　　　　　　　　编号：

<table>
<tr><td>单位工程名称</td><td colspan="4"></td></tr>
<tr><td>分部工程名称</td><td colspan="2"></td><td>检查项目</td><td></td></tr>
<tr><td>施工单位</td><td colspan="2"></td><td>项目经理</td><td></td></tr>
<tr><td colspan="2">强制性条文内容</td><td>执行要素</td><td>执行情况</td><td>相关资料</td></tr>
<tr><td colspan="5">《电气装置安装工程　接地装置施工及验收规范》（GB 50169—2006）</td></tr>
<tr><td colspan="2">3.5.1　避雷针（线、带、网）的接地，除应符合本章上述有关规定外，尚应遵守下列规定：<br>1　避雷针（带）与引下线之间的连接应采用焊接或热剂焊（放热焊接）；</td><td>连接方式</td><td></td><td>接地检查记录<br>编号：</td></tr>
<tr><td colspan="2">2　避雷针（带）的引下线及接地装置使用的紧固件均应使用镀锌制品，当采用没有镀锌的地脚螺栓时应采取防腐措施；</td><td>防腐措施</td><td></td><td>接地检查记录<br>编号：</td></tr>
<tr><td colspan="2" rowspan="2">3　建筑物上的防雷设施采用多根引下线时，应在各引下线距地面1.5～1.8m处设置断接卡，断接卡应加保护措施；</td><td>设置断接卡</td><td></td><td rowspan="2">接地检查记录<br>编号：</td></tr>
<tr><td>保护措施</td><td></td></tr>
<tr><td colspan="2">4　装有避雷针的金属筒体，当其厚度不小于4mm时，可作避雷针的引下线，筒体底部应至少有2处与接地体对称连接；</td><td>两点对称</td><td></td><td>接地检查记录<br>编号：</td></tr>
<tr><td colspan="2" rowspan="2">5　独立避雷针及其接地装置与道路或建筑物的出入口等的距离应大于3m，当小于3m时，应采取均压措施或铺设卵石或沥青地面；</td><td>安装距离</td><td rowspan="2"></td><td rowspan="2">接地检查记录<br>编号：</td></tr>
<tr><td>均压措施</td></tr>
</table>

表 TX-3-B-7（续）

| 强制性条文内容 | 执行要素 | 执行情况 | 相关资料 |
|---|---|---|---|
| 《电气装置安装工程　接地装置施工及验收规范》（GB 50169—2006） | | | |
| 6　独立避雷针（线）应设置独立的集中接地装置，当有困难时，该接地装置可与接地网连接，但避雷针与主接地网的地下连接点至 35kV 及以下设备与主接地网的地下连接点，沿接地体的长度不得小于 15m； | 集中接地装置 | | 接地检查记录<br>编号： |
| | 长度核对 | | |
| 7　独立避雷针的接地装置与接地网的地中距离不应小于 3m。 | 距离核对 | | 接地检查记录<br>编号： |
| 3.5.2　建筑物上的避雷针或防雷金属网应和建筑物顶部的其他金属物体连接成一个整体。 | 连接成整体 | | 接地检查记录<br>编号： |
| 3.5.3　装有避雷针和避雷线的构架上的照明灯电源线，必须采用直埋于土壤中的带金属护层的电缆或穿入金属管的导线。电缆的金属护层或金属管必须接地，埋入土壤中的长度应在 10m 以上，方可与配电装置的接地网相连或与电源线、低压配电装置相连接。 | 保护方式 | | 接地检查记录<br>编号： |
| | 保护层接地 | | |
| | 埋入长度 | | |
| 3.5.5　避雷针（网、带）及其接地装置，应采取自下而上的施工程序。首先安装集中接地装置，后安装引下线，最后安装接闪器。 | 施工程序 | | 施工记录<br>编号： |

| 施工单位项目质检员：<br><br>年　月　日 | 专业监理工程师：<br><br>年　月　日 |
|---|---|

# 旋转电机施工强制性条文执行记录表

表 TX-3-B-8　　　　　　编号：

<table>
<tr><td>单位工程名称</td><td colspan="4"></td></tr>
<tr><td>分部工程名称</td><td></td><td>检查项目</td><td colspan="2"></td></tr>
<tr><td>施工单位</td><td></td><td>项目经理</td><td colspan="2"></td></tr>
<tr><td>强制性条文内容</td><td>执行要素</td><td>执行情况</td><td colspan="2">相关资料</td></tr>
<tr><td colspan="5">《电气装置安装工程　旋转电机施工及验收规范》（GB 50170—2006）</td></tr>
<tr><td rowspan="2">2.1.3　采用条形底座的电机应有 2 个及以上明显的接地点。</td><td>明显接地</td><td></td><td colspan="2" rowspan="2">接地检查记录<br>编号：</td></tr>
<tr><td>接地点数</td><td></td></tr>
<tr><td>2.3.6　进入定子膛内工作，应保持洁净，严禁遗留物件，不得损伤绕组端部和铁芯。</td><td></td><td></td><td colspan="2"></td></tr>
<tr><td>2.3.8　穿转子时，应使用专用工具，不得碰伤定子绕组和铁芯。</td><td></td><td></td><td colspan="2"></td></tr>
<tr><td>2.3.12　电机的引线及出线的安装应符合下列要求：<br>1　引线及出线的接触面良好、清洁、无油垢，镀银层不应锉磨；</td><td>接触面检查</td><td></td><td colspan="2">检查记录<br>编号：</td></tr>
<tr><td rowspan="2">2　引线及出线的连接应使用力矩扳手紧固，当采用钢质螺栓时，连接后不得构成闭合磁路。</td><td>用力矩扳手紧固</td><td></td><td colspan="2" rowspan="2">检查记录<br>编号：</td></tr>
<tr><td>连接后不得构成闭合磁路</td><td></td></tr>
<tr><td colspan="2">施工单位项目质检员：<br><br>年　月　日</td><td colspan="3">专业监理工程师：<br><br>年　月　日</td></tr>
</table>

# 低压电器施工强制性条文执行记录表

表 TX-3-B-9　　　　　　　　　　　　　　　　　　编号：

| 单位工程名称 | | | |
|---|---|---|---|
| 分部工程名称 | | 检查项目 | |
| 施工单位 | | 项目经理 | |
| 强制性条文内容 | 执行要素 | 执行情况 | 相关资料 |
| 《电气装置安装工程　低压电器施工及验收规范》（GB 50254—1996） | | | |
| 2.0.4　电器的外部接线，应符合下列要求：<br>2.0.4.3　电源侧进线应接在进线端，即固定触头接线端；负荷侧出线应接在出线端，即可动触头接线端。 | 进出线接线方式 | | 检查记录<br>编号： |
| 2.0.4.6　母线与电器连接时，接触面应符合现行国家标准《电气装置安装工程　母线装置施工及验收规范》的有关规定。连接处不同相的母线最小电气间隙，应符合表 2.0.4（见附表）的规定。 | 最小电气间隙 | | 安装记录<br>编号： |
| 3.0.2　低压断路器的安装，应符合下列要求：<br>3.0.2.2　低压断路器与熔断器配合使用时，熔断器应安装在电源侧。 | 熔断器安装位置 | | 安装记录<br>编号： |
| 3.0.3　低压断路器的接线，应符合下列要求：<br>3.0.3.1　裸露在箱体外部且易触及的导线端子，应加绝缘保护。 | 导线端子的绝缘保护 | | 检查记录<br>编号： |
| 5.0.1　住宅电器的安装应符合下列要求：<br>5.0.1.1　集中安装的住宅电器，应在其明显部位设警告标志。 | 警告标志 | | 检查记录<br>编号： |
| 5.0.1.2　住宅电器安装完毕，调整试验合格后，宜对调整机构进行封锁处理。 | 机构的封锁处理 | | 检查记录<br>编号： |

表 TX-3-B-9（续）

<table>
<tr><th>强制性条文内容</th><th>执行要素</th><th>执行情况</th><th>相关资料</th></tr>
<tr><td colspan="4">《电气装置安装工程　低压电器施工及验收规范》（GB 50254—1996）</td></tr>
<tr><td rowspan="2">7.0.3　按钮的安装应符合下列要求：<br>7.0.3.3　集中在一起安装的按钮应有编号或不同的识别标志，“紧急”按钮应有明显标志，并设保护罩。</td><td>按钮有明显标志</td><td></td><td rowspan="2">检查记录<br>编号：</td></tr>
<tr><td>保护罩的设置</td><td></td></tr>
<tr><td rowspan="2">10.0.1　熔断器及熔体的容量，应符合设计要求，并核对所保护电气设备的容量与熔体容量相匹配；对后备保护、限流、自复、半导体器件保护等有专用功能的熔断器，严禁替代。</td><td>熔断器及熔体的容量</td><td rowspan="2"></td><td rowspan="2">检查记录<br>编号：</td></tr>
<tr><td>专用熔断器设置</td></tr>
<tr><td>10.0.5　安装具有几种规格的熔断器，应在底座旁标明规格。</td><td>熔断器规格标识</td><td></td><td>检查记录<br>编号：</td></tr>
<tr><td>10.0.8　螺旋式熔断器安装，其底座严禁松动，电源应接在熔芯引出端子上。</td><td>电源引接位置</td><td></td><td>检查记录<br>编号：</td></tr>
<tr><td colspan="2">施工单位项目质检员：<br><br>年　　月　　日</td><td colspan="2">专业监理工程师：<br><br>年　　月　　日</td></tr>
</table>

表 TX-3-B-9 附表　　GB 50254—1996 表 2.0.4 不同相的母线最小电气间隙

| 额定电压（V） | 最小电气间隙（mm） |
|---|---|
| $U \leqslant 500$ | 10 |
| $500 < U \leqslant 1200$ | 14 |

# 起重机电气设备安装施工强制性条文执行记录表

表 TX-3-B-10　　　　　　　　　　　　　　　　　　　　　　　　编号：

<table>
<tr><td>单位工程名称</td><td colspan="3"></td></tr>
<tr><td>分部工程名称</td><td></td><td>检查项目</td><td></td></tr>
<tr><td>施工单位</td><td></td><td>项目经理</td><td></td></tr>
<tr><td>强制性条文内容</td><td>执行要素</td><td>执行情况</td><td>相关资料</td></tr>
<tr><td colspan="4">《电气装置安装工程　起重机电气装置施工及验收规范》（GB 50256—1996）</td></tr>
<tr><td>2.0.1　滑接线的布置，应符合设计要求；当设计无规定时，应符合下列要求：<br>2.0.1.1　滑接线距离地面的高度，不得低于 3.5m；在有汽车通过部分滑接线距离地面的高度，不得低于 6m。</td><td>滑线对地距离</td><td>高度：</td><td>检查记录<br>编号：</td></tr>
<tr><td rowspan="3">2.0.1.2　滑接线与设备和氧气管道的距离，不得小于 1.5m；与易燃气体、液体管道的距离，不得小于 3m；与一般管道的距离，不得小于 1m。</td><td rowspan="3">安全距离</td><td>与设备和氧气管道的距离：</td><td rowspan="3">检查记录<br>编号：</td></tr>
<tr><td>与易燃气体、液体管道的距离：</td></tr>
<tr><td>与一般管道的距离：</td></tr>
<tr><td rowspan="2">2.0.1.3　裸露式滑接线应与司机室同侧安装；当工作人员上下有碰触滑接线危险时，必须设有遮拦保护。</td><td>安装位置</td><td></td><td rowspan="2">检查记录<br>编号：</td></tr>
<tr><td>保护措施</td><td></td></tr>
<tr><td rowspan="2">3.0.1　起重机上的配线，应符合下列要求：<br>3.0.1.1　起重机上的配线除弱电系统外，均应采用额定电压不低于 500V 的铜芯多股电线或电缆。多股电线截面面积不得小于 1.5mm²；多股电缆截面面积不得小于 1.0mm²。</td><td rowspan="2">材料选择</td><td>电线截面面积：</td><td rowspan="2">检查记录<br>编号：</td></tr>
<tr><td>电缆截面面积：</td></tr>
<tr><td>3.0.1.2　在易受机械损伤、热辐射或有润滑油滴落部位，电线或电缆应装于钢管、线槽、保护罩内或采取隔热保护措施。</td><td>保护措施</td><td></td><td>检查记录<br>编号：</td></tr>
</table>

表 TX-3-B-10（续）

| 强制性条文内容 | 执行要素 | 执行情况 | 相关资料 |
|---|---|---|---|
| 《电气装置安装工程　起重机电气装置施工及验收规范》（GB 50256—1996） | | | |
| 4.0.5　行程限位开关、撞杆的安装，应符合下列要求：<br>4.0.5.1　起重机行程限位开关动作后，应能自动切断相关电源，并应使起重机各机构在下列位置停止： | 电源能自动切断 | | 检查记录编号： |
| 1）吊钩、抓斗升到离极限位置不小于 100mm 处；起重臂升降的极限角度符合产品规定。 | 吊钩、抓斗离极限位置距离 | 距离： | 检查记录编号： |
| 2）起重机桥架和小车等，离行程末端不得小于 200mm 处。 | 起重机桥架和小车等离行程末端距离 | 距离： | 检查记录编号： |
| 3）一台起重机临近另一台起重机，相距不得小于 400mm 处。 | 相邻起重机距离 | 距离： | 检查记录编号： |
| 4.0.5.2　撞杆的装设及其尺寸的确定，应保证行程限位开关可靠动作，撞杆及撞杆支架在起重机工作时不应晃动。撞杆宽度应能满足机械（桥架及小车）横向窜动范围的要求，撞杆的长度应能满足机械（桥架及小车）最大制动距离的要求。 | 行程限位开关可靠动作 | | 检查记录编号： |
| | 撞杆宽度满足要求 | | |
| 4.0.5.3　撞杆在调整定位后，应固定可靠。 | 撞杆应固定可靠 | | 检查记录编号： |
| 4.0.7　照明装置的安装，应符合下列要求：<br>4.0.7.1　起重机主断路器切断电源后，照明不应断电。 | 照明不能中断 | | 检查记录编号： |
| 4.0.7.3　照明回路应设置专用零线或隔离变压器，不得利用电线管或起重机本身的接地线作零线。 | 照明回路设置专用零线或隔离变压器 | | 检查记录编号： |
| 4.0.8　当起重机的某一机构是由两组在机械上互不联系的电动机驱动时，两台电动机应有同步运行和同时断电的保护装置。 | 保护装置 | | 检查记录编号： |
| 4.0.9　起重机防止桥架扭斜的连锁保护装置，应灵敏可靠。 | 连锁保护装置 | | 试验记录编号： |
| 施工单位项目质检员：<br><br>年　月　日 | | 专业监理工程师：<br><br>年　月　日 | |

# 起重机试运强制性条文执行记录表

表 TX-3-B-11　　　　编号：

<table>
<tr><td>单位工程名称</td><td colspan="4"></td></tr>
<tr><td>分部工程名称</td><td colspan="2"></td><td>检查项目</td><td></td></tr>
<tr><td>施工单位</td><td colspan="2"></td><td>项目经理</td><td></td></tr>
<tr><td colspan="2">强制性条文内容</td><td>执行要素</td><td>执行情况</td><td>相关资料</td></tr>
<tr><td colspan="5">《电气装置安装工程　起重机电气装置施工及验收规范》（GB 50256—1996）</td></tr>
<tr><td colspan="2">4.0.11　起重量限制器的调试，应符合下列要求：<br>4.0.11.1　起重限制器综合误差，不应大于 8%。</td><td>起重限制器综合误差</td><td>起重限制器综合误差值：</td><td>试验记录<br>编号：</td></tr>
<tr><td colspan="2">4.0.11.2　当载荷达到额定起重量的 90%时，应能发出提示性报警信号。</td><td>发出提示性报警信号</td><td></td><td>试验记录<br>编号：</td></tr>
<tr><td colspan="2" rowspan="2">4.0.11.3　当载荷达到额定起重量的 110%时，应能自动切断起升机构电动机的电源，并应发出禁止性报警信号。</td><td>自动切断起升机构电动机的电源</td><td rowspan="2"></td><td rowspan="2">试验记录<br>编号：</td></tr>
<tr><td>发出禁止性报警信号</td></tr>
<tr><td colspan="2">5.0.3　当进行静负荷试运时，电气装置应符合下列要求：<br>5.0.3.1　逐级增加到额定负荷，分别作起吊试验，电气装置均应正常。</td><td>起吊试验应逐级增加到额定负荷</td><td></td><td>试验记录<br>编号：</td></tr>
<tr><td colspan="2">5.0.3.2　当起吊 1.25 倍的额定负荷距地面高度为 100～200mm 处，悬空时间不得小于 10min，电气装置应无异常现象。</td><td>悬空时间要求</td><td>悬空时间：</td><td></td></tr>
<tr><td colspan="2">5.0.4　当进行动负荷试运行时，电气装置应符合下列要求：<br>5.0.4.2　各机构的动负荷试运，应在 1.1 倍额定载荷下分别进行，在整个试验过程中，电气装置均应工作正常，并应测取各电动机的运行电流。</td><td>负荷试运要求</td><td></td><td>试验记录<br>编号：</td></tr>
<tr><td colspan="2">施工单位项目质检员：<br><br>年　　月　　日</td><td colspan="3">专业监理工程师：<br><br>年　　月　　日</td></tr>
</table>

# 危险环境电气装置安装强制性条文执行记录表

表 TX-3-B-12 编号：

<table>
<tr><td>单位工程名称</td><td colspan="4"></td></tr>
<tr><td>分部工程名称</td><td colspan="2"></td><td>检查项目</td><td></td></tr>
<tr><td>施工单位</td><td colspan="2"></td><td>项目经理</td><td></td></tr>
<tr><td colspan="2">强制性条文内容</td><td>执行要素</td><td>执行情况</td><td>相关资料</td></tr>
<tr><td colspan="5">《电气装置安装工程 爆炸和火灾危险环境电气装置施工验收规范》（GB 50257—1996）</td></tr>
<tr><td colspan="2" rowspan="2">1.0.7 施工中的安全技术措施，应符合本规范和现行有关安全技术标准及产品的技术文件的规定。在扩建与改建工程中，必须遵守生产厂安全生产（运行）规程中与施工有关的安全规定。对重要工序，必须事先制定专项安全技术措施。</td><td>制定安全方面的规定及制度</td><td rowspan="2"></td><td rowspan="2">安全管理制度及安全措施</td></tr>
<tr><td>安全技术措施</td></tr>
<tr><td colspan="2">2.1.2 防爆电气设备应有“EX”标志和标明防爆电气设备的类型、级别、组别的标志的铭牌，并在铭牌上标明国家指定的检验单位发给的防爆合格证号。</td><td>“EX”标志、防爆电气设备铭牌</td><td></td><td>检查记录<br>编号：</td></tr>
<tr><td colspan="2" rowspan="2">2.1.4 防爆电气设备接线盒内部接线紧固后，裸露带电部分之间及与金属外壳之间的电气间隙和爬电距离，不应小于附录 A 的规定。<br>A.0.1 增安型、无火花型电气设备不同电位的导电部件之间的最小电气间隙和爬电距离，应符合表 A.0.1（见附表 1）的规定。<br>A.0.2 本质安全电路与非本质安全电路裸露导体之间的电气间隙和爬电距离，不得小于表 A.0.2（见附表 2）的规定值。</td><td>电气间隙</td><td></td><td rowspan="2">检查记录<br>编号：</td></tr>
<tr><td>爬电距离</td><td></td></tr>
<tr><td colspan="2">2.1.5 防爆电气设备的进线口与电缆、导线应能可靠地接线和密封，多余的进线口其弹性密封垫和金属垫片应齐全，并应将压紧螺母拧紧使进线口密封。金属垫片的厚度不得小于 2mm。</td><td>进线口密封</td><td></td><td>检查记录<br>编号：</td></tr>
<tr><td colspan="2" rowspan="2">2.1.8 事故排风机的按钮，应单独安装在便于操作的位置，且应有特殊标志。</td><td>安装位置</td><td></td><td rowspan="2">检查记录<br>编号：</td></tr>
<tr><td>特殊标志</td><td></td></tr>
</table>

表 TX-3-B-12（续）

| 强制性条文内容 | 执行要素 | 执行情况 | 相关资料 |
|---|---|---|---|
| 《电气装置安装工程　爆炸和火灾危险环境电气装置施工验收规范》（GB 50257—1996） | | | |
| 2.2.4　正常运行时产生火花或电弧的隔爆型电气设备，其电气连锁装置必须可靠；当电源接通时壳盖不应打开，而壳盖打开后电源不应接通。用螺栓紧固的外壳应检查“断电后开盖”警告牌，并应完好。 | 连锁装置 | | 检查记录<br>编号： |
| | 警告牌 | | |
| 2.6.2　与本质安全型电气设备配套的关联电气设备的型号，必须与本质安全型电气设备铭牌中的关联电气设备的型号相同。 | 设备选型 | | 检查记录<br>编号： |
| 2.6.4　独立供电的本质安全型电气设备的电池型号、规格，应符合其电气设备铭牌中的规定，严禁任意改用其他型号、规格的电池。 | 电池选型 | | 检查记录<br>编号： |
| 2.6.5　防爆安全栅应可靠接地，其接地电阻应符合设计和设备技术条件的要求。 | 接地电阻测量 | | 测试报告<br>编号： |
| 2.7.5　粉尘防爆电气设备安装后，应按产品技术要求做好保护装置的调整和试操作。 | 保护调试 | | 调试报告<br>编号： |
| 3.1.3　爆炸危险环境内采用的低压电缆和绝缘导线，其额定电压必须高于线路的工作电压，且不得低于500V，绝缘导线必须敷设于钢管内。<br>电气工作中性线绝缘层的额定电压，应与相线电压相同，并应在同一护套或钢管内敷设。 | 电缆、绝缘导线合格证 | | 检查记录<br>编号： |
| | 绝缘导线敷设 | | |
| 3.1.6　爆炸危险环境除本质安全电路外，采用的电缆或绝缘导线，其铜、铝线芯最小截面应符合表3.1.6（见附表3）的规定。 | 截面 | | 检查记录<br>编号： |
| 3.2.1　电缆线路在爆炸危险环境内，电缆间不应直接连接。在非正常情况下，必须在相应的防爆接线盒或分线盒内连接或分路。 | 接线方式 | | 检查记录<br>编号： |
| 3.2.2　电缆线路穿过不同危险区域或界壁时，必须采取下列隔离密封措施：<br>3.2.2.1　在两级区域交接处的电缆沟内，应采取充砂、填阻火堵料或加设防火隔墙。 | 电缆封堵方式 | | 检查记录<br>编号： |
| 3.2.2.2　电缆通过与相邻区域共用的隔墙、楼板、地面及易受机械损伤处，均应加以保护；留下的孔洞，应堵塞严密。 | 电缆封堵方式 | | 检查记录<br>编号： |

表 TX-3-B-12（续）

| 强制性条文内容 | 执行要素 | 执行情况 | 相关资料 |
| --- | --- | --- | --- |
| 《电气装置安装工程　爆炸和火灾危险环境电气装置施工验收规范》（GB 50257—1996） | | | |
| 3.2.2.3　保护管两端的管口处，应将电缆周围用非燃性纤维堵塞严密，再填塞密封胶泥，密封胶泥填塞深度不得小于管子内径，且不得小于40mm。 | 电缆封堵方式 | | 检查记录<br>编号： |
| 3.3.4　在爆炸性气体环境1区、2区和爆炸性粉尘环境10区的钢管配线，在下列各处应装设不同型式的隔离密封件：<br>3.3.4.1　电气设备无密封装置的进线口。 | 密封方式 | | 检查记录<br>编号： |
| 3.3.4.2　管路通过与其他任何场所相邻的隔墙时，应在隔墙的任一侧装设横向式隔离密封件。 | 密封方式 | | 检查记录<br>编号： |
| 3.3.4.3　管路通过楼板或地面引入其他场所时，均应在楼板或地面的上方装设纵向式密封件。 | 密封方式 | | 检查记录<br>编号： |
| 3.3.4.4　管径为50mm及以上的管路在距引入的接线箱450mm以内及每距15m处，应装设一隔离密封件。 | 密封方式 | | 检查记录<br>编号： |
| 4.1.2　装有电气设备的箱、盒等，应采用金属制品；电气开关和正常运行产生火花或外壳表面温度较高的电气设备，应远离可燃物质的存放地点，其最小距离不应小于3m。 | 安全距离 | | 检查记录<br>编号： |
| 施工单位项目质检员：<br><br>年　月　日 | 专业监理工程师：<br><br>年　月　日 | | |

**表 TX-3-B-12 附表 1　GB 50257—1996 表 A.0.1 增安型、无火花型电气设备不同电位的导电部件之间的最小电气间隙和爬电距离**

| 额定电压（V） | 最小电气间隙（mm） | 最小爬电距离（mm） | | |
|---|---|---|---|---|
| | | I | II | III |
| 12 | 2 | 2 | 2 | 2 |
| 24 | 3 | 3 | 3 | 3 |
| 36 | 4 | 4 | 4 | 4 |
| 60 | 6 | 6 | 6 | 6 |
| 127 | 6 | 6 | 7 | 8 |
| 220 | 6 | 6 | 8 | 10 |
| 380 | 8 | 8 | 10 | 12 |
| 660 | 10 | 12 | 16 | 20 |
| 1140 | 18 | 24 | 28 | 35 |
| 3000 | 36 | 45 | 60 | 75 |
| 6000 | 60 | 85 | 110 | 135 |
| 10000 | 100 | 125 | 150 | 180 |

注：1．设备的额定电压，可高于表列数值的 10%。
2．装入灯座的额定电压，不大于 250V 的螺旋灯座灯泡，对于 a 级绝缘材料最小爬电距离可为 3mm。
3．表中 I、II、III 为绝缘材料相比漏电起痕指数分级，应符合现行国家标准《爆炸性环境用防爆电气设备通用要求》的有关规定。I 级为上釉的陶瓷、云母、玻璃；II 级为三聚腈胺石棉耐弧塑料、硅有机石棉耐弧塑料；III 级为聚四氟乙烯塑料、三聚腈胺玻璃纤维塑料、表面用耐弧漆处理的环氧玻璃布板。

**表 TX-3-B-12 附表 2　GB 50257—1996 表 A.0.2 本质安全电路与非本质安全电路裸露导体之间的电气间隙和爬电距离**

| 额定电压峰值（V） | 电气间隙（mm） | 胶封中的间距（mm） | 爬电距离（mm） | 绝缘涂层下的爬电距离（mm） |
|---|---|---|---|---|
| 60 | 3 | 1 | 3 | 1 |
| 90 | 4 | 1.3 | 4 | 1.3 |
| 190 | 6 | 2 | 8 | 2.6 |
| 375 | 6 | 2 | 10 | 3.3 |
| 550 | 6 | 2 | 15 | 5 |
| 750 | 8 | 2.6 | 18 | 6 |
| 1000 | 10 | 3.3 | 25 | 8.3 |
| 1300 | 14 | 4.6 | 36 | 12 |
| 1550 | 16 | 5.3 | 40 | 13.3 |

**表 TX-3-B-12 附表 3　GB 50257—1996 表 3.1.6 爆炸危险环境电缆和绝缘导线线芯最小截面**

| 爆炸危险环境 | 线芯最小截面面积（$mm^2$） | | | | | |
|---|---|---|---|---|---|---|
| | 铜 | | | 铝 | | |
| | 电力 | 控制 | 照明 | 电力 | 控制 | 照明 |
| 1 区 | 2.5 | 2.5 | 2.5 | × | × | × |
| 2 区 | 1.5 | 1.5 | 1.5 | 4 | × | 2.5 |
| 10 区 | 2.5 | 2.5 | 2.5 | × | × | × |
| 11 区 | 1.5 | 1.5 | 1.5 | 2.5 | 2.5 | 2.5 |

注：表中符号“×”表示不适用。

# 危险环境电气设备接地施工强制性条文执行记录表

表 TX-3-B-13　　　　　　　　　　　　　　　　　　　　　　编号：

| 单位工程名称 | | | |
|---|---|---|---|
| 分部工程名称 | | 检查项目 | |
| 施工单位 | | 项目经理 | |
| 强制性条文内容 | 执行要素 | 执行情况 | 相关资料 |
| 《电气装置安装工程　爆炸和火灾危险环境电气装置施工验收规范》（GB 50257—1996） | | | |
| 5.1.1　在爆炸危险环境的电气设备的金属外壳、金属构架、金属配线管及其配件、电缆保护管、电缆的金属护套等非带电的裸露金属部分，均应接地或接零。 | 接地检查 | | 检查记录<br>编号： |
| 5.1.2　在爆炸性气体环境1区或爆炸性粉尘环境10区内所有的电气设备以及爆炸性气体环境2区内除照明灯具以外的其他电气设备，应采用专用的接地线；该专用接地线若与相线敷设在同一保护管内时，应具有与相线相等的绝缘。金属管线、电缆的金属外壳等，应作为辅助接地线。 | 接地检查 | | 检查记录<br>编号： |
| 5.1.3　在爆炸性气体环境2区的照明灯具及爆炸性粉尘环境 11 区内的所有电气设备，可利用有可靠电气连接的金属管线系统作为接地线；在爆炸性粉尘环境 11 区内可采用金属结构作为接地线，但不得利用输送爆炸危险物质的管道。 | 接地方式 | | 检查记录<br>编号： |
| 5.1.6　电气设备及灯具的专用接地线或接零保护线，应单独与接地干线（网）相连，电气线路中的工作零线不得作为保护接地线用。 | 接地检查 | | 检查记录<br>编号： |

表 TX-3-B-13（续）

| 强制性条文内容 | 执行要素 | 执行情况 | 相关资料 |
| --- | --- | --- | --- |
| 《电气装置安装工程　爆炸和火灾危险环境电气装置施工验收规范》（GB 50257—1996） | | | |
| 5.2.1　生产、贮存和装卸液化石油气、可燃气体、易燃液体的设备、贮罐、管道、机组和利用空气干燥、掺和、输送易产生静电的粉状、粒状的可燃固体物料的设备、管道以及可燃粉尘的袋式集尘设备，其防静电接地的安装，除应按照国家现行有关防静电接地的标准规范的规定外，尚应符合下列要求：<br>5.2.1.2　设备、机组、贮罐、管道等的防静电接地线，应单独与接地体或接地干线相连，除并列管道外不得互相串连接地。 | 接地检查 | | 检查记录<br>编号： |
| 5.2.1.3　防静电接地线的安装，应与设备、机组、贮罐等固定接地端子或螺栓连接，连接螺栓不应小于 M10，并应有防松装置和涂以电力复合脂。当采用焊接端子连接时，不得降低和损伤管道强度。 | 接地检查 | | 检查记录<br>编号： |
| 5.2.1.6　容量为 $50m^3$ 及以上的贮罐，其接地点不应少于两处，且接地点的间距不应大于 30m，并应在罐体底部周围对称与接地体连接，接地体应连接成环形的闭合回路。 | 接地检查 | | 检查记录<br>编号： |
| 5.2.1.7　易燃或可燃液体的浮动式贮罐，在无防雷接地时，其罐顶与罐体之间应采用铜软线作不少于两处跨接，其截面不应小于 $25mm^2$，且其浮动式电气测量装置的电缆，应在引入贮罐处将铠装、金属外壳可靠地与罐体连接。 | 接地检查 | | 检查记录<br>编号： |
| 5.2.1.8　钢筋混凝土的贮罐或贮槽，沿其内壁敷设的防静电接地导体，应与引入的金属管道及电缆的铠装、金属外壳连接，并应引至罐、槽的外壁与接地体连接。 | 接地检查 | | 检查记录<br>编号： |
| 5.2.1.9　非金属管道（非导电的）、设备等，其外壁上缠绕的金属丝网、金属带等，应紧贴其表面均匀地缠绕，并应可靠地接地。 | 接地检查 | | 检查记录<br>编号： |
| 5.2.2　引入爆炸危险环境的金属管道、配线的钢管、电缆的铠装及金属外壳，均应在危险区域的进口处接地。 | 接地检查 | | 检查记录<br>编号： |
| 施工单位项目质检员：<br><br>年　月　日 | 专业监理工程师：<br><br>年　月　日 | | |

# 交流电动机试验强制性条文执行记录表

表 TX-3-B-14　　　　编号：

| 单位工程名称 | | | |
|---|---|---|---|
| 分部工程名称 | | 检查项目 | |
| 施工单位 | | 项目经理 | |
| 强制性条文内容 | 执行要素 | 执行情况 | 相关资料 |
| 《电气装置安装工程　电气设备交接试验标准》（GB 50150—2006） | | | |
| 6.0.1　交流电动机的试验项目，应包括下列内容：<br>1　测量绕组的绝缘电阻和吸收比。 | 测量绕组绝缘电阻和吸收比 | 绝缘电阻值：<br><br>吸收比： | 试验报告编号： |
| 施工单位项目质检员：<br><br>年　月　日 | | 专业监理工程师：<br><br>年　月　日 | |

# 电抗器及消弧线圈试验强制性条文执行记录表

表 TX-3-B-15　　　　编号：

<table>
<tr><td>单位工程名称</td><td colspan="5"></td></tr>
<tr><td>分部工程名称</td><td colspan="2"></td><td>检查项目</td><td colspan="2"></td></tr>
<tr><td>施工单位</td><td colspan="2"></td><td>项目经理</td><td colspan="2"></td></tr>
<tr><td colspan="2">强制性条文内容</td><td>执行要素</td><td>执行情况</td><td colspan="2">相关资料</td></tr>
<tr><td colspan="6">《电气装置安装工程　电气设备交接试验标准》（GB 50150—2006）</td></tr>
<tr><td colspan="2" rowspan="3">8.0.1　电抗器及消弧线圈的试验项目，应包括下列内容：<br>2　测量绕组连同套管的绝缘电阻、吸收比或极化指数。</td><td>绝缘电阻测量</td><td>绝缘电阻：</td><td colspan="2" rowspan="3">电抗器试验报告<br>编号：</td></tr>
<tr><td>吸收比测量</td><td>吸收比：</td></tr>
<tr><td>极化指数测量</td><td>极化指数：</td></tr>
<tr><td colspan="3">施工单位项目质检员：<br><br>年　　月　　日</td><td colspan="3">专业监理工程师：<br><br>年　　月　　日</td></tr>
</table>

# 互感器试验强制性条文执行记录表

表 TX-3-B-16 编号：

<table>
<tr><td>单位工程名称</td><td colspan="4"></td></tr>
<tr><td>分部工程名称</td><td colspan="2"></td><td>检查项目</td><td></td></tr>
<tr><td>施工单位</td><td colspan="2"></td><td>项目经理</td><td></td></tr>
<tr><td colspan="2">强制性条文内容</td><td>执行要素</td><td>执行情况</td><td>相关资料</td></tr>
<tr><td colspan="5">《电气装置安装工程　电气设备交接试验标准》（GB 50150—2006）</td></tr>
<tr><td colspan="2">9.0.1　互感器的试验项目，应包括下列内容：<br>1　测量绕组的绝缘电阻。</td><td>绝缘电阻测量</td><td>绝缘电阻：</td><td>互感器试验报告<br>编号：</td></tr>
<tr><td colspan="2" rowspan="2">7　检查接线组别和极性。</td><td>接线组别测量</td><td rowspan="2"></td><td rowspan="2">互感器试验报告<br>编号：</td></tr>
<tr><td>极性测量</td></tr>
<tr><td colspan="2">8　误差测量。</td><td>误差测量</td><td>误差值：</td><td>互感器试验报告<br>编号：</td></tr>
<tr><td colspan="2">施工单位项目质检员：<br><br>年　　月　　日</td><td colspan="3">专业监理工程师：<br><br>年　　月　　日</td></tr>
</table>

# 电力电缆线路试验强制性条文执行记录表

表 TX-3-B-17　　编号：

| 单位工程名称 | | | |
|---|---|---|---|
| 分部工程名称 | | 检查项目 | |
| 施工单位 | | 项目经理 | |
| 强制性条文内容 | 执行要素 | 执行情况 | 相关资料 |
| 《电气装置安装工程　电气设备交接试验标准》（GB 50150—2006） | | | |
| 18.0.1　电力电缆线路的试验项目，应包括下列内容：<br>1　测量绝缘电阻。 | 绝缘电阻测量 | 绝缘电阻值： | 电力电缆试验报告编号； |
| 5　检查电缆线路两端的相位。 | 电力电缆相位检查 | 检查结果： | 电力电缆试验报告编号； |
| 施工单位项目质检员：<br>年　月　日 | | 专业监理工程师：<br>年　月　日 | |

# 避雷器试验强制性条文执行记录表

表 TX-3-B-18　　编号：

<table>
<tr><td>单位工程名称</td><td colspan="4"></td></tr>
<tr><td>分部工程名称</td><td colspan="2"></td><td>检查项目</td><td></td></tr>
<tr><td>施工单位</td><td colspan="2"></td><td>项目经理</td><td></td></tr>
<tr><td colspan="2">强制性条文内容</td><td>执行要素</td><td>执行情况</td><td>相关资料</td></tr>
<tr><td colspan="5">《电气装置安装工程　电气设备交接试验标准》（GB 50150—2006）</td></tr>
<tr><td colspan="2" rowspan="2">21.0.1　金属氧化物避雷器绝缘电阻测量，应符合下列规定：<br>1　测量金属氧化物避雷器及基座的绝缘电阻。</td><td>避雷器绝缘电阻测量</td><td>避雷器绝缘电阻测量值：</td><td rowspan="2">避雷器试验报告编号：</td></tr>
<tr><td>基座绝缘电阻测量</td><td>基座绝缘电阻测量值：</td></tr>
<tr><td colspan="2">施工单位项目质检员：<br><br>年　月　日</td><td colspan="3">专业监理工程师：<br><br>年　月　日</td></tr>
</table>

# 接地装置试验强制性条文执行记录表

表 TX-3-B-19　　　　　　　　　　　　　　　　编号：

| 单位工程名称 | | | |
|---|---|---|---|
| 分部工程名称 | | 检查项目 | |
| 施工单位 | | 项目经理 | |
| 强制性条文内容 | 执行要素 | 执行情况 | 相关资料 |
| 《电气装置安装工程　电气设备交接试验标准》（GB 50150—2006） | | | |
| 26.0.1　电气设备和防雷设施的接地装置的试验项目应包括下列内容：<br>2　接地阻抗。 | 阻抗测试 | 阻抗值： | 接地装置试验报告编号： |
| 施工单位项目质检员：<br>年　月　日 | | 专业监理工程师：<br>年　月　日 | |

# 电气工程
## 强制性条文执行检查表

# 电缆敷设施工强制性条文执行检查表

表 TX-3-C-1　　　　编号：

| 单位工程名称 | | 分部工程名称 | |
|---|---|---|---|
| 施工单位 | | 项目经理 | |
| 序号 | 强制性条文内容 | 执行情况 | 相关资料 |
| 《电气装置安装工程　电缆线路施工及验收规范》（GB 50168—2006） | | | |
| 1 | 4.2.9　金属电缆支架全长均应有良好的接地。 | | 表 TX-3-B-1 |
| 2 | 5.2.6　直埋电缆在直线段每隔 50～100m 处、电缆接头处、转弯处、进入建筑物等处，应设置明显的方位标志或标桩。 | | 表 TX-3-B-1 |
| 3 | 7.0.1　对易受外部影响着火的电缆密集场所或可能着火蔓延而酿成严重事故的电缆线路，必须按设计要求的防火阻燃措施施工。 | | 表 TX-3-B-1 |
| 施工单位项目总工：<br>年　月　日 | | 项目总监（副总监）：<br>年　月　日 | |

# 电气设备接地强制性条文执行检查表

表 TX-3-C-2 编号：

| 单位工程名称 | | 分部工程名称 | |
|---|---|---|---|
| 施工单位 | | 项目经理 | |
| 序号 | 强制性条文内容 | 执行情况 | 相关资料 |
| 《电气装置安装工程　接地装置施工及验收规范》（GB 50169—2006） | | | |
| 1 | 3.1.1　电气装置的下列金属部分，均应接地或接零：<br>1　电机、变压器、电器、携带式或移动式用电器具等的金属底座和外壳；<br>2　电气设备的传动装置；<br>3　屋内外配电装置的金属或钢筋混凝土构架以及靠近带电部分的金属遮栏和金属门；<br>4　配电、控制、保护用的屏（柜、箱）及操作台等的金属框架和底座；<br>5　交、直流电力电缆的接头盒、终端头和膨胀器的金属外壳和可触及的电缆金属护层和穿线的钢管，穿线的钢管之间或钢管和电器设备之间有金属软管过渡的，应保证金属软管段接地畅通；<br>6　电缆桥架、支架和井架；<br>7　装有避雷线的电力线路杆塔；<br>8　装在配电线路杆上的电力设备；<br>9　在非沥青地面的居民区内，不接地、消弧线圈接地和高电阻接地系统中无避雷线的架空电力线路的金属杆塔和钢筋混凝土杆塔；<br>10　承载电气设备的构架和金属外壳；<br>13　电热设备的金属外壳；<br>14　铠装控制电缆的金属护层；<br>15　互感器二次绕组。 | | 表 TX-3-B-2 |

表 TX-3-C-2（续）

| 序号 | 强制性条文内容 | 执行情况 | 相关资料 |
| --- | --- | --- | --- |
| 《电气装置安装工程　接地装置施工及验收规范》（GB 50169—2006） | | | |
| 2 | 3.1.3　需要接地的直流系统的接地装置应符合下列要求：<br>1　能与地构成闭合回路且经常流过电流的接地线应沿绝缘垫板敷设，不得与金属管道、建筑物和设备的构件有金属的连接。<br>3　直流电力回路专用的中性线和直流两线制正极的接地体、接地线不得与自然接地体有金属连接；当无绝缘隔离装置时，相互间的距离不应小于 1m。 | | 表 TX-3-B-2 |
| 3 | 3.1.4　接地线不应作其他用途。 | | 表 TX-3-B-2 |
| 4 | 3.3.1　接地体顶面埋设深度应符合设计规定。当无规定时，不应小于 0.6m。角钢、钢管、铜棒、铜管等接地体应垂直配置。除接地体外，接地体引出线的垂直部分和接地装置连接（焊接）部位外侧 100mm 范围内应做防腐处理；在做防腐处理前，表面必须除锈并去掉焊接处残留的焊药。 | | 表 TX-3-B-2 |
| 施工单位项目总工：<br><br>年　　月　　日 | | 项目总监（副总监）：<br><br>年　　月　　日 | |

# 电缆接地施工强制性条文执行检查表

表 TX-3-C-3　　　　编号：

<table>
<tr><td colspan="2">单位工程名称</td><td></td><td>分部工程名称</td><td></td></tr>
<tr><td colspan="2">施工单位</td><td></td><td>项目经理</td><td></td></tr>
<tr><td>序号</td><td colspan="2">强制性条文内容</td><td>执行情况</td><td>相关资料</td></tr>
<tr><td colspan="5">《电气装置安装工程　接地装置施工及验收规范》（GB 50169—2006）</td></tr>
<tr><td>1</td><td colspan="2">3.3.11　当电缆穿过零序电流互感器时，电缆头的接地线应通过零序电流互感器后接地；由电缆头至穿过零序电流互感器的一段电缆金属护层和接地线应对地绝缘。</td><td></td><td>表 TX-3-B-5</td></tr>
<tr><td colspan="3">施工单位项目总工：<br><br>年　月　日</td><td colspan="2">项目总监（副总监）：<br><br>年　月　日</td></tr>
</table>

# 屋内接地线施工强制性条文执行检查表

表 TX-3-C-4 编号：

| 单位工程名称 | | | 分部工程名称 | |
|---|---|---|---|---|
| 施工单位 | | | 项目经理 | |
| 序号 | 强制性条文内容 | | 执行情况 | 相关资料 |
| 《电气装置安装工程　接地装置施工及验收规范》（GB 50169—2006） | | | | |
| 1 | 3.2.9　不得利用蛇皮管、管道保温层的金属外皮或金属网、低压照明网络的导线铅皮以及电缆金属护层作接地线。蛇皮管两端应采用自固接头或软管接头，且两端应采用软铜线连接。 | | | 表 TX-3-B-4 |
| 2 | 3.3.4　接地干线应在不同的两点及以上与接地网相连接。自然接地体应在不同的两点及以上与接地干线或接地网相连接。 | | | 表 TX-3-B-4 |
| 施工单位项目总工：<br><br>年　　月　　日 | | | 项目总监（副总监）：<br><br>年　　月　　日 | |

# 屋外地网施工强制性条文执行检查表

表 TX-3-C-5　　　　　　　　　　　　　　　　　　　　编号：

| 单位工程名称 | | 分部工程名称 | |
|---|---|---|---|
| 施工单位 | | 项目经理 | |
| 序号 | 强制性条文内容 | 执行情况 | 相关资料 |
| 《电气装置安装工程　接地装置施工及验收规范》（GB 50169—2006） | | | |
| 1 | 3.2.4　人工接地网的敷设应符合以下规定：<br>1　人工接地网的外缘应闭合，外缘各角应做成圆弧形，圆弧的半径不宜小于均压带间距的一半；<br>2　接地网内应敷设水平均压带，按等间距或不等间距布置。 | | 表 TX-3-B-3 |
| 2 | 3.2.5　除临时接地装置外，接地装置应采用热镀锌钢材，水平敷设的可采用圆钢和扁钢，垂直敷设的可采用角钢和钢管。腐蚀比较严重地区的接地装置，应适当加大截面，或采用阴极保护等措施。<br>不得采用铝导体作为接地体或接地线。当采用扁铜带、铜绞线、铜棒、铜包钢、铜包钢绞线、钢镀铜、铝包铜等材料作接地装置时，其连接应符合本规范的规定。 | | 表 TX-3-B-3 |
| 3 | 3.3.1　接地体顶面埋设深度应符合设计规定。当无规定时，不应小于 0.6m。角钢、钢管、铜棒、铜管等接地体应垂直配置。除接地体外，接地体引出线的垂直部分和接地装置连接（焊接）部位外侧 100mm 范围内应做防腐处理；在做防腐处理前，表面必须除锈并去掉焊接处残留的焊药。 | | 表 TX-3-B-3 |

表 TX-3-C-5（续）

| 序号 | 强制性条文内容 | 执行情况 | 相关资料 |
| --- | --- | --- | --- |
| 《电气装置安装工程　接地装置施工及验收规范》（GB 50169—2006） | | | |
| 4 | 3.3.3　接地线应采取防止发生机械损伤和化学腐蚀的措施。在与公路、铁路或管道等交叉及其他可能使接地线遭受损伤处，均应用钢管或角钢等加以保护。接地线在穿过墙壁、楼板和地坪处应加装钢管或其他坚固的保护套，有化学腐蚀的部位还应采取防腐措施。热镀锌钢材焊接时将破坏热镀锌防腐，应在焊痕外100mm 内做防腐处理。 | | 表 TX-3-B-4 |
| 5 | 3.11.3　接地装置的安装应符合以下要求：<br>1　接地极的型式、埋入深度及接地电阻值应符合设计要求；<br>2　穿过墙、地面、楼板等处应有足够坚固的机械保护措施；<br>3　接地装置的材质及结构应考虑腐蚀而引起的损伤，必要时采取措施，防止产生电腐蚀。 | | 表 TX-3-B-3 |
| 施工单位项目总工：<br><br>年　　月　　日 | | 项目总监（副总监）：<br><br>年　　月　　日 | |

# 避雷针（线、带、网）施工强制性条文执行检查表

表 TX-3-C-6　　　　编号：

| 单位工程名称 | | 分部工程名称 | |
|---|---|---|---|
| 施工单位 | | 项目经理 | |
| 序号 | 强制性条文内容 | 执行情况 | 相关资料 |
| 《电气装置安装工程　接地装置施工及验收规范》（GB 50169—2006） | | | |
| 1 | 3.5.1　避雷针（线、带、网）的接地，除应符合本章上述有关规定外，尚应遵守下列规定：<br>1　避雷针（带）与引下线之间的连接应采用焊接或热剂焊（放热焊接）；<br>2　避雷针（带）的引下线及接地装置使用的紧固件均应使用镀锌制品，当采用没有镀锌的地脚螺栓时应采取防腐措施；<br>3　建筑物上的防雷设施采用多根引下线时，应在各引下线距地面 1.5～1.8m 处设置断接卡，断接卡应加保护措施；<br>4　装有避雷针的金属筒体，当其厚度不小于 4mm 时，可作避雷针的引下线，筒体底部应至少有 2 处与接地体对称连接；<br>5　独立避雷针及其接地装置与道路或建筑物的出入口等的距离应大于 3m，当小于 3m 时，应采取均压措施或铺设卵石或沥青地面；<br>6　独立避雷针（线）应设置独立的集中接地装置，当有困难时，该接地装置可与接地网连接，但避雷针与主接地网的地下连接点至 35kV 及以下设备与主接地网的地下连接点，沿接地体的长度不得小于 15m；<br>7　独立避雷针的接地装置与接地网的地中距离不应小于 3m。 | | 表 TX-3-B-7 |

表 TX-3-C-6（续）

| 序号 | 强制性条文内容 | 执行情况 | 相关资料 |
| --- | --- | --- | --- |
| 《电气装置安装工程　接地装置施工及验收规范》（GB 50169—2006） | | | |
| 2 | 3.5.2　建筑物上的避雷针或防雷金属网应和建筑物顶部的其他金属物体连接成一个整体。 | | 表 TX-3-B-7 |
| 3 | 3.5.3　装有避雷针和避雷线的构架上的照明灯电源线，必须采用直埋于土壤中的带金属护层的电缆或穿入金属管的导线。电缆的金属护层或金属管必须接地，埋入土壤中的长度应在10m以上，方可与配电装置的接地网相连或与电源线、低压配电装置相连接。 | | 表 TX-3-B-7 |
| 4 | 3.5.5　避雷针（网、带）及其接地装置，应采取自下而上的施工程序。首先安装集中接地装置，后安装引下线，最后安装接闪器。 | | 表 TX-3-B-7 |
| 施工单位项目总工：<br>年　月　日 | | 项目总监（副总监）：<br>年　月　日 | |

# 接地体（线）焊接施工强制性条文执行检查表

表 TX-3-C-7　　　　编号：

<table>
<tr><td>单位工程名称</td><td colspan="2"></td><td>分部工程名称</td><td></td></tr>
<tr><td>施工单位</td><td colspan="2"></td><td>项目经理</td><td></td></tr>
<tr><td>序号</td><td colspan="2">强制性条文内容</td><td>执行情况</td><td>相关资料</td></tr>
<tr><td colspan="5">《电气装置安装工程　接地装置施工及验收规范》（GB 50169—2006）</td></tr>
<tr><td>1</td><td colspan="2">3.4.1　接地体（线）的连接应采用焊接，焊接必须牢固无虚焊。接至电气设备上的接地线，应用镀锌螺栓连接；有色金属接地线不能采用焊接时，可用螺栓连接、压接、热剂焊（放热焊接）方式连接。用螺栓连接时应设防松螺帽或防松垫片，螺栓连接处的接触面应按现行国家标准《电气装置安装工程　母线装置施工及验收规范》GBJ 149 的规定处理。不同材料接地体间的连接应进行处理。</td><td></td><td>表 TX-3-B-6</td></tr>
<tr><td>2</td><td colspan="2">3.4.2　接地体（线）的焊接应采用搭接焊，其搭接长度必须符合下列规定：<br>1　扁钢为其宽度的2倍(且至少3个棱边焊接)；<br>2　圆钢为其直径的 6 倍；<br>3　圆钢与扁钢连接时，其长度为圆钢直径的6 倍；<br>4　扁钢与钢管、扁钢与角钢焊接时，为了连接可靠，除应在其接触部位两侧进行焊接外，并应焊以由钢带弯成的弧形（或直角形）卡子或直接由钢带本身弯成弧形（或直角形）与钢管（或角钢）焊接。</td><td></td><td>表 TX-3-B-6</td></tr>
<tr><td>3</td><td colspan="2">3.4.3　接地体（线）为铜与铜或铜与钢的连接工艺采用热剂焊（放热焊接）时，其熔接接头必须符合下列规定：<br>1　被连接的导体必须完全包在接头里；<br>2　要保证连接部位的金属完全熔化，连接牢固；<br>3　热剂焊（放热焊接）接头的表面应平滑；<br>4　热剂焊（放热焊接）的接头应无贯穿性的气孔。</td><td></td><td>表 TX-3-B-6</td></tr>
<tr><td colspan="3">施工单位项目总工：<br><br>年　月　日</td><td colspan="2">项目总监（副总监）：<br><br>年　月　日</td></tr>
</table>

# 旋转电机施工强制性条文执行检查表

表 TX-3-C-8　　　　编号：

| 单位工程名称 | | | 分部工程名称 | |
|---|---|---|---|---|
| 施工单位 | | | 项目经理 | |
| 序号 | 强制性条文内容 | | 执行情况 | 相关资料 |
| 《电气装置安装工程　旋转电机施工及验收规范》（GB 50170—2006） | | | | |
| 1 | 2.1.3　采用条形底座的电机应有2个及以上明显的接地点。 | | | 表 TX-3-B-8 |
| 2 | 2.3.6　进入定子膛内工作时，应保持洁净，严禁遗留物件，不得损伤绕组端部和铁芯。 | | | 表 TX-3-B-8 |
| 3 | 2.3.8　穿转子时，应使用专用工具，不得碰伤定子绕组和铁芯。 | | | 表 TX-3-B-8 |
| 4 | 2.3.12　电机的引线及出线的安装应符合下列要求：<br>1　引线及出线的接触面良好、清洁、无油垢，镀银层不应锉磨。<br>2　引线及出线的连接应使用力矩扳手紧固，当采用钢质螺栓时，连接后不得构成闭合磁路。 | | | 表 TX-3-B-8 |
| 施工单位项目总工：<br><br>年　月　日 | | | 项目总监（副总监）：<br><br>年　月　日 | |

# 低压电器施工强制性条文执行检查表

表 TX-3-C-9　　　　编号：

| 单位工程名称 | | 分部工程名称 | |
|---|---|---|---|
| 施工单位 | | 项目经理 | |
| 序号 | 强制性条文内容 | 执行情况 | 相关资料 |
| 《电气装置安装工程　低压电器施工及验收规范》（GB 50254—1996） | | | |
| 1 | 2.0.4　电器的外部接线，应符合下列要求：<br>2.0.4.3　电源侧进线应接在进线端，即固定触头接线端；负荷侧出线应接在出线端，即可动触头接线端。<br>2.0.4.6　母线与电器连接时，接触面应符合现行国家标准《电气装置安装工程　母线装置施工及验收规范》的有关规定。连接处不同相的母线最小电气间隙，应符合表 2.0.4 的规定。 | | 表 TX-3-B-9 |
| 2 | 3.0.2　低压断路器的安装，应符合下列要求：<br>3.0.2.2　低压断路器与熔断器配合使用时，熔断器应安装在电源侧。 | | 表 TX-3-B-9 |
| 3 | 3.0.3　低压断路器的接线，应符合下列要求：<br>3.0.3.1　裸露在箱体外部且易触及的导线端子，应加绝缘保护。 | | 表 TX-3-B-9 |
| 4 | 5.0.1　住宅电器的安装应符合下列要求：<br>5.0.1.1　集中安装的住宅电器，应在其明显部位设警告标志。<br>5.0.1.2　住宅电器安装完毕，调整试验合格后，宜对调整机构进行封锁处理。 | | 表 TX-3-B-9 |

表 TX-3-C-9（续）

| 序号 | 强制性条文内容 | 执行情况 | 相关资料 |
| --- | --- | --- | --- |
| 《电气装置安装工程　低压电器施工及验收规范》（GB 50254—1996） | | | |
| 5 | 7.0.3　按钮的安装应符合下列要求：<br>7.0.3.3　集中在一起安装的按钮应有编号或不同的识别标志，“紧急”按钮应有明显标志，并设保护罩。 | | 表 TX-3-B-9 |
| 6 | 10.0.1　熔断器及熔体的容量，应符合设计要求，并核对所保护电气设备的容量与熔体容量相匹配；对后备保护、限流、自复、半导体器件保护等有专用功能的熔断器，严禁替代。 | | 表 TX-3-B-9 |
| 7 | 10.0.5　安装具有几种规格的熔断器，应在底座旁标明规格。 | | 表 TX-3-B-9 |
| 8 | 10.0.8　螺旋式熔断器的安装，其底座严禁松动，电源应接在熔芯引出端子上。 | | 表 TX-3-B-9 |
| 施工单位项目总工：<br>年　月　日 | | 项目总监（副总监）：<br>年　月　日 | |

# 起重机电气设备安装施工强制性条文执行检查表

表 TX-3-C-10　　编号：

| 单位工程名称 | | 分部工程名称 | |
|---|---|---|---|
| 施工单位 | | 项目经理 | |

| 序号 | 强制性条文内容 | 执行情况 | 相关资料 |
|---|---|---|---|
| 《电气装置安装工程　起重机电气装置施工及验收规范》（GB 50256—1996） | | | |
| 1 | 2.0.1　滑接线的布置，应符合设计要求；当设计无规定时，应符合下列要求：<br>2.0.1.1　滑接线距离地面的高度，不得低于3.5m；在有汽车通过部分滑接线距离地面的高度，不得低于6m。<br>2.0.1.2　滑接线与设备和氧气管道的距离，不得小于1.5m；与易燃气体、液体管道的距离，不得小于3m；与一般管道的距离，不得小于1m。<br>2.0.1.3　裸露式滑接线应与司机室同侧安装；当工作人员上下有碰触滑接线危险时，必须设有遮拦保护。 | | 表 TX-3-B-10 |
| 2 | 3.0.1　起重机上的配线，应符合下列要求：<br>3.0.1.1　起重机上的配线除弱电系统外，均应采用额定电压不低于500V的铜芯多股电线或电缆。多股电线截面面积不得小于1.5mm²；多股电缆截面面积不得小于1.0mm²。<br>3.0.1.2　在易受机械损伤、热辐射或有润滑油滴落部位，电线或电缆应装于钢管、线槽、保护罩内或采取隔热保护措施。 | | 表 TX-3-B-10 |
| 3 | 4.0.5　行程限位开关、撞杆的安装，应符合下列要求：<br>4.0.5.1　起重机行程限位开关动作后，应能自动切断相关电源，并应使起重机各机构在下列位置停止：<br>1）吊钩、抓斗升到离极限位置不小于100mm处；起重臂升降的极限角度符合产品规定。<br>2）起重机桥架和小车等，离行程末端不得小于200mm处。<br>3）一台起重机临近另一台起重机，相距不得小于400mm处。<br>4.0.5.2　撞杆的装设及其尺寸的确定，应保证行程限位开关可靠动作，撞杆及撞杆支架在起重机工作时不应晃动。撞杆宽度应能满足机械（桥架及小车）横向窜动范围的要求，撞杆的长度应能满足机械（桥架及小车）最大制动距离的要求。<br>4.0.5.3　撞杆在调整定位后，应固定可靠。 | | 表 TX-3-B-10 |

表 TX-3-C-10（续）

| 序号 | 强制性条文内容 | 执行情况 | 相关资料 |
| --- | --- | --- | --- |
| 《电气装置安装工程　起重机电气装置施工及验收规范》（GB 50256—1996） | | | |
| 4 | 4.0.7　照明装置的安装，应符合下列要求：<br>4.0.7.1　起重机主断路器切断电源后，照明不应断电。<br>4.0.7.3　照明回路应设置专用零线或隔离变压器，不得利用电线管或起重机本身的接地线作零线。 | | 表 TX-3-B-10 |
| 5 | 4.0.8　当起重机的某一机构是由两组在机械上互不联系的电动机驱动时，两台电动机应有同步运行和同时断电的保护装置。 | | 表 TX-3-B-10 |
| 6 | 4.0.9　起重机防止桥架扭斜的连锁保护装置，应灵敏可靠。 | | 表 TX-3-B-10 |
| 施工单位项目总工：<br><br>年　　月　　日 | | 项目总监（副总监）：<br><br>年　　月　　日 | |

# 起重机试运强制性条文执行检查表

表 TX-3-C-11 编号：

| 单位工程名称 | | 分部工程名称 | |
|---|---|---|---|
| 施工单位 | | 项目经理 | |
| 序号 | 强制性条文内容 | 执行情况 | 相关资料 |
| 《电气装置安装工程　起重机电气装置施工及验收规范》（GB 50256—1996） | | | |
| 1 | 4.0.11　起重量限制器的调试，应符合下列要求：<br>4.0.11.1　起重限制器综合误差，不应大于 8%。<br>4.0.11.2　当载荷达到额定起重量的 90%时，应能发出提示性报警信号。<br>4.0.11.3　当载荷达到额定起重量的 110%时，应能自动切断起升机构电动机的电源，并应发出禁止性报警信号。 | | 表 TX-3-B-11 |
| 2 | 5.0.3　当进行静负荷试运时，电气装置应符合下列要求：<br>5.0.3.1　逐级增加到额定负荷，分别作起吊试验，电气装置均应正常。<br>5.0.3.2　当起吊 1.25 倍的额定负荷距地面高度为 100～200mm 处，悬空时间不得小于 10min，电气装置应无异常现象。 | | 表 TX-3-B-11 |
| 3 | 5.0.4　当进行动负荷试运行时，电气装置应符合下列要求：<br>5.0.4.2　各机构的动负荷试运，应在 1.1 倍额定载荷下分别进行，在整个试验过程中，电气装置均应工作正常，并应测取各电动机的运行电流。 | | 表 TX-3-B-11 |
| 施工单位项目总工：<br><br>年　月　日 | | 项目总监（副总监）：<br><br>年　月　日 | |

# 危险环境电气装置施工强制性条文执行检查表

表 TX-3-C-12　　　　编号：

| 单位工程名称 | | 分部工程名称 | |
|---|---|---|---|
| 施工单位 | | 项目经理 | |
| 序号 | 强制性条文内容 | 执行情况 | 相关资料 |
| 《电气装置安装工程　爆炸和火灾危险环境电气装置施工验收规范》（GB 50257—1996） | | | |
| 1 | 1.0.7　施工中的安全技术措施，应符合本规范和现行有关安全技术标准及产品的技术文件的规定。在扩建与改建工程中，必须遵守生产厂安全生产（运行）规程中与施工有关的安全规定。对重要工序，必须事先制定专项安全技术措施。 | | 表 TX-3-B-12 |
| 2 | 2.1.2　防爆电气设备应有“EX”标志和标明防爆电气设备的类型、级别、组别的标志的铭牌，并在铭牌上标明国家指定的检验单位发给的防爆合格证号。 | | 表 TX-3-B-12 |
| 3 | 2.1.4　防爆电气设备接线盒内部接线紧固后，裸露带电部分之前及与金属外壳之间的电气间隙和爬电距离，不应小于附录 A 的规定。<br>A.0.1　增安型、无火花型电气设备不同电位的导电部件之间的最小电气间隙和爬电距离，应符合表 A.0.1 的规定。<br>A.0.2　本质安全电路与非本质安全电路裸露导体之间的电气间隙和爬电距离，不得小于表 A.O.2 的规定值。 | | 表 TX-3-B-12 |
| 4 | 2.1.5　防爆电气设备的进线口与电缆、导线应能可靠地接线和密封，多余的进线口其弹性密封垫和金属垫片应齐全，并应将压紧螺母拧紧使进线口密封。金属垫片的厚度不得小于 2mm。 | | 表 TX-3-B-12 |
| 5 | 2.1.8　事故排风机的按钮，应单独安装在便于操作的位置，且应有特殊标志。 | | 表 TX-3-B-12 |
| 6 | 2.2.4　正常运行时产生火花或电弧的隔爆型电气设备，其电气连锁装置必须可靠；当电源接通时壳盖不应打开，而壳盖打开后电源不应接通。用螺栓紧固的外壳应检查“断电后开盖”警告牌，并应完好。 | | 表 TX-3-B-12 |

表 TX-3-C-12（续）

| 序号 | 强制性条文内容 | 执行情况 | 相关资料 |
| --- | --- | --- | --- |
| 《电气装置安装工程　爆炸和火灾危险环境电气装置施工验收规范》（GB 50257—1996） | | | |
| 7 | 2.6.2　与本质安全型电气设备配套的关联电气设备的型号，必须与本质安全型电气设备铭牌中的关联气体设备的型号相同。 | | 表 TX-3-B-12 |
| 8 | 2.6.4　独立供电的本质安全型电气设备的电池型号、规格，应符合其电气设备铭牌中的规定，严禁任意改用其他型号、规格的电池。 | | 表 TX-3-B-12 |
| 9 | 2.6.5　防爆安全栅应可靠接地，其接地电阻应符合设计和设备技术条件的要求。 | | 表 TX-3-B-12 |
| 10 | 2.7.5　粉尘防爆电气设备安装后，应按产品技术要求做好保护装置的调整和试操作。 | | 表 TX-3-B-12 |
| 11 | 3.1.3　爆炸危险环境内采用的低压电缆和绝缘导线，其额定电压必须高于线路的工作电压，且不得低于 500V，绝缘导线必须敷设于钢管内。<br>电气工作中性线绝缘层的额定电压，应与相线电压相同，并应在同一护套或钢管内敷设。 | | 表 TX-3-B-12 |
| 12 | 3.1.6　爆炸危险环境除本质安全电路外，采用的电缆或绝缘导线，其铜、铝线芯最小截面应符合表 3.1.6 的规定。 | | 表 TX-3-B-12 |
| 13 | 3.2.1　电缆线路在爆炸危险环境内，电缆间不应直接连接。在非正常情况下，必须在相应的防爆接线盒或分线盒内连接或分路。 | | 表 TX-3-B-12 |

表 TX-3-C-12（续）

| 序号 | 强制性条文内容 | 执行情况 | 相关资料 |
| --- | --- | --- | --- |
| 《电气装置安装工程　爆炸和火灾危险环境电气装置施工验收规范》（GB 50257—1996） | | | |
| 14 | 3.2.2　电缆线路穿过不同危险区域或界壁时，必须采取下列隔离密封措施：<br>3.2.2.1　在两级区域交接处的电缆沟内，应采取充砂、填阻火堵料或加设防火隔墙。<br>3.2.2.2　电缆通过与相邻区域共用的隔墙、楼板、地面及易受机械损伤处，均应加以保护；留下的孔洞，应堵塞严密。<br>3.2.2.3　保护管两端的管口处，应将电缆周围用非燃性纤维堵塞严密，再填塞密封胶泥，密封胶泥填塞深度不得小于管子内径，且不得小于 40mm。 | | 表 TX-3-B-12 |
| 15 | 3.3.4　在爆炸性气体环境 1 区、2 区和爆炸性粉尘环境 10 区的钢管配线，在下列各处应装设不同型式的隔离密封件：<br>3.3.4.1　电气设备无密封装置的进线口。<br>3.3.4.2　管路通过与其他任何场所相邻的隔墙时，应在隔墙的任一侧装设横向式隔离密封件。<br>3.3.4.3　管路通过楼板或地面引入其他场所时，均应在楼板或地面的上方装设纵向式密封件。<br>3.3.4.4　管径为 50mm 及以上的管路在距引入的接线箱 450mm 以内及每距 15m 处，应装设一隔离密封件。 | | 表 TX-3-B-12 |
| 16 | 4.1.2　装有电气设备的箱、盒等，应采用金属制品；电气开关和正常运行产生火花或外壳表面温度较高的电气设备，应远离可燃物质的存放地点，其最小距离不应小于 3m。 | | 表 TX-3-B-12 |

表 TX-3-C-12（续）

| 序号 | 强制性条文内容 | 执行情况 | 相关资料 |
|---|---|---|---|
| 《电气装置安装工程　爆炸和火灾危险环境电气装置施工验收规范》（GB 50257—1996） | | | |
| 17 | 5.1.1　在爆炸危险环境的电气设备的金属外壳、金属构架、金属配线管及其配件、电缆保护管、电缆的金属护套等非带电的裸露金属部分，均应接地或接零。 | | 表 TX-3-B-13 |
| 18 | 5.1.2　在爆炸性气体环境1区或爆炸性粉尘环境10区内所有的电气设备以及爆炸性气体环境2区内除照明灯具以外的其他电气设备，应采用专用的接地线；该专用接地线若与相线敷设在同一保护管内时，应具有与相线相等的绝缘。金属管线、电缆的金属外壳等，应作为辅助接地线。 | | 表 TX-3-B-13 |
| 19 | 5.1.3　在爆炸性气体环境2区的照明灯具及爆炸性粉尘环境11区内的所有电气设备，可利用有可靠电气连接的金属管线系统作为接地线；在爆炸性粉尘环境11区内可采用金属结构作为接地线，但不得利用输送爆炸危险物质的管道。 | | 表 TX-3-B-13 |
| 20 | 5.1.6　电气设备及灯具的专用接地线或接零保护线，应单独与接地干线（网）相连，电气线路中的工作零线不得作为保护接地线用。 | | 表 TX-3-B-13 |
| 21 | 5.2.1　生产、贮存和装卸液化石油气、可燃气体、易燃液体的设备、贮罐、管道、机组和利用空气干燥、掺和、输送易产生静电的粉状、粒状的可燃固体物料的设备、管道以及可燃粉尘的袋式集尘设备，其防静电接地的安装，除应按照国家现行有关防静电接地的标准规范的规定外，尚应符合下列要求：<br>5.2.1.2　设备、机组、贮罐、管道等的防静电接地线，应单独与接地体或接地干线相连，除并列管道外不得互相串连接地。 | | 表 TX-3-B-13 |

表 TX-3-C-12（续）

| 序号 | 强制性条文内容 | 执行情况 | 相关资料 |
| --- | --- | --- | --- |
| 《电气装置安装工程 爆炸和火灾危险环境电气装置施工验收规范》（GB 50257—1996） | | | |
| 21 | 5.2.1.3 防静电接地线的安装，应与设备、机组、贮罐等固定接地端子或螺栓连接，连接螺栓不应小于 M10，并应有防松装置和涂以电力复合脂。当采用焊接端子连接时，不得降低和损伤管道强度。<br>5.2.1.6 容量为 $50m^3$ 及以上的贮罐，其接地点不应少于两处，且接地点的间距不应大于 30m，并应在罐体底部周围对称与接地体连接，接地体应连接成环形的闭合回路。<br>5.2.1.7 易燃或可燃液体的浮动式贮罐，在无防雷接地时，其罐顶与罐体之间应采用铜软线作不少于两处跨接，其截面不应小于 $25mm^2$，且其浮动式电气测量装置的电缆，应在引入贮罐处将铠装、金属外壳可靠地与罐体连接。<br>5.2.1.8 钢筋混凝土的贮罐或贮槽，沿其内壁敷设的防静电接地导体，应与引入的金属管道及电缆的铠装、金属外壳连接，并应引至罐、槽的外壁与接地体连接。<br>5.2.1.9 非金属管道（非导电的）、设备等，其外壁上缠绕的金属丝网、金属带等，应紧贴其表面均匀地缠绕，并应可靠地接地。 | | 表 TX-3-B-13 |
| 22 | 5.2.2 引入爆炸危险环境的金属管道、配线的钢管、电缆的铠装及金属外壳，均应在危险区域的进口处接地。 | | 表 TX-3-B-13 |
| 施工单位项目总工：<br><br>年 月 日 | | 项目总监（副总监）：<br><br>年 月 日 | |

# 交接试验强制性条文执行检查表

表 TX-3-C-13　　　　编号：

| 单位工程名称 | | 分部工程名称 | |
|---|---|---|---|
| 施工单位 | | 项目经理 | |

| 序号 | 强制性条文内容 | 执行情况 | 相关资料 |
|---|---|---|---|
| 《电气装置安装工程　电气设备交接试验标准》（GB 50150—2006） | | | |
| 1 | 6.0.1　交流电动机的试验项目，应包括下列内容：<br>1　测量绕组的绝缘电阻和吸收比。 | | 表 TX-3-B-14 |
| 2 | 8.0.1　电抗器及消弧线圈的试验项目，应包括下列内容：<br>2　测量绕组连同套管的绝缘电阻、吸收比或极化指数。 | | 表 TX-3-B-15 |
| 3 | 9.0.1　互感器的试验项目，应包括下列内容：<br>1　测量绕组的绝缘电阻。<br>7　检查接线组别和极性。<br>8　误差测量。 | | 表 TX-3-B-16 |
| 4 | 18.0.1　电力电缆线路的试验项目，应包括下列内容：<br>1　测量绝缘电阻。<br>5　检查电缆线路两端的相位。 | | 表 TX-3-B-17 |
| 5 | 21.0.1　金属氧化物避雷器绝缘电阻测量，应符合下列规定：<br>1　测量金属氧化物避雷器及基座的绝缘电阻。 | | 表 TX-3-B-18 |
| 6 | 26.0.1　电气设备和防雷设施的接地装置的试验项目应包括下列内容：<br>2　接地阻抗。 | | 表 TX-3-B-19 |

| 施工单位项目总工：<br><br>年　月　日 | 项目总监（副总监）：<br><br>年　月　日 |
|---|---|

# 电 气 工 程

## 强制性条文执行汇总表

# 电气工程强制性条文执行汇总表

表 TX-3-D　　　　　　　　　　　　　　　　　　　　　　　　编号：

| 单位工程名称 | | | | | |
|---|---|---|---|---|---|
| 序号 | 检查项目 | 执行情况 | | | 验收结论 |
| | 分部工程名称 | 应执行 | 已执行 | 记录份数 | |
| | | | | | |
| | | | | | |
| | | | | | |
| | | | | | |
| | | | | | |
| | | | | | |
| | | | | | |
| 1 | 单位工程已按合同、设计文件及规程、规范、标准要求施工完毕并经验收合格 | 应验收 | 已验收 | 合格率 | |
| | | | | | |
| 2 | 工程质量控制资料应完整 | 共　项　份，签证齐全 | | | |
| 3 | 参加工程验收的各方人员资格合格 | 质检员证号：<br>监理人员资质证号： | | | |
| 4 | 工程验收程序符合要求 | 各单位验收报告资料齐全 | | | |
| 5 | 调试工作符合规定 | 调试项目齐全，调试报告： | | | |
| 核查意见 | 施工单位<br>项目经理：<br>年　月　日 | 监理单位<br>总监理工程师：<br>年　月　日 | | 建设单位<br>技术负责人：<br>年　月　日 | |

# 附录 书中引用的标准

GB 50025—2004《湿陷性黄土地区建筑规范》
GB 50112—2013《膨胀土地区建筑技术规范》
GB 50119—2003《混凝土外加剂应用技术规范》
GB 50150—2006《电气装置安装工程 电气设备交接试验标准》
GB 50168—2006《电气装置安装工程 电缆线路施工及验收规范》
GB 50169—2006《电气装置安装工程 接地装置施工及验收规范》
GB 50170—2006《电气装置安装工程 旋转电机施工及验收规范》
GB 50202—2002《建筑地基基础工程施工质量验收规范》
GB 50203—2011《砌体工程施工质量验收规范》
GB 50204—2002《混凝土结构工程施工质量验收规范》
GB 50205—2001《钢结构工程施工质量验收规范》
GB 50207—2012《屋面工程质量验收规范》
GB 50210—2001《建筑装饰装修工程质量验收规范》
GB 50214—2001《组合钢模板技术规范》
GB 50242—2002《建筑给水排水及采暖工程施工质量验收规范》
GB 50243—2002《通风与空调工程施工质量验收规范》
GB 50254—1996《电气装置安装工程 低压电器施工及验收规范》
GB 50256—1996《电气装置安装工程 起重机电气装置施工及验收规范》
GB 50257—1996《电气装置安装工程 爆炸和火灾危险环境电气装置施工验收规范》
GB 50300—2001《建筑工程施工质量验收统一标准》
GB 50303—2002《建筑电气工程施工质量验收规范》
GB 50330—2002《建筑边坡工程技术规范》
GB 50345—2012《屋面工程技术规范》
GB 50666—2011《混凝土结构工程施工规范》
JGJ 18—2012《钢筋焊接及验收规程》
JGJ 52—2006《普通混凝土用砂、石质量及检验方法标准》
JGJ 55—2011《普通混凝土配合比设计规程》
JGJ 63—2006《混凝土用水标准》
JGJ 81—2002《建筑钢结构焊接技术规程》
JGJ 95—2011《冷轧带肋钢筋混凝土结构技术规程》
JGJ 107—2010《钢筋机械连接通用技术规程》
JGJ 113—2009《建筑玻璃应用技术规程》
JGJ 120—2012《建筑基坑支护技术规程》
DL 612—1996《电力工业锅炉压力容器监察规程》
DL/T 678—1999《电站钢结构焊接通用技术条件》
DL 5190.2—2012《电力建设施工技术规范 第 2 部分：锅炉机组》
DL 5190.5—2012《电力建设施工技术规范 第 5 部分：管道及系统》
DL/T 5257—2010《火电厂烟气脱硝工程施工验收技术规程》
DL 5454—2012《火力发电厂职业卫生设计规程》
《工程建设标准强制性条文 电力工程部分》（2011 年版）
《工程建设标准强制性条文 房屋建筑部分》（2013 年版）